本書で紹介する操作はすべて2019年1月現在の情報です。

- 本書では「Windows 10」と「Microsoft Office 365 ProPlus」がインストールされているパソコンで、インターネットが常時接続されている環境を前提に画面を再現しています。なお、Macの場合、操作が異なりますのでご注意ください。

- 本文中では、「Microsoft© Office Excel 2016」のことを「Excel」と記述しています。

- 本文中で使用している用語は、基本的に実際の画面に表示される名称に則っています。

- 「できる」「できるシリーズ」は株式会社インプレスの登録商標です。本書に記載されている会社名、製品名、サービス名は、一般に各開発メーカおよびサービス提供元の登録商標または商標です。なお、本文中には ™ および © マークは明記していません。

CONTENTS

はじめに 004
練習用ファイルについて 015
本書の読み方 016

⊙ PROLOGUE
仕事ができる人はExcelを
どう学んでいるのか
017

0-01	Excelをマスターできない、たった1つの理由 本書の特徴	018
0-02	読む前に知っておきたいExcel学習の3要素 学習	020
0-03	現場のExcel実務は3つのフローから成り立つ 実務フロー	022

COLUMN 🔍　私も、YouTubeでExcelを学びました。　024

CHAPTER 1
「インプット」の速度を上げる習慣を身に付ける

025

1-01	職場では教えてくれない入力データの「種類」とは？ 数値／文字列／数式	026
1-02	数値には表と裏の顔がある 表示形式	030
1-03	日付や時刻を示す「シリアル値」を理解する シリアル値	034
1-04	どんな書類作成でも役立つ連続データの入力法 コピー／オートフィル	036
1-05	セル参照を理解して1つの数式を使い回そう 相対参照／絶対参照	040
1-06	データ貼り付け時の「形式」選びを極めよう 形式を選択して貼り付け	046
1-07	やみくもに表を作る前にデータベースの概念を知る データベース	050
1-08	テキストファイルは区切り位置で一発読み込み CSVファイル／区切り位置	052
1-09	データの修正を効率よく的確にするコツ ジャンプ／置換	056
1-10	余計なスペースを取り除くTRIM関数を活用 TRIM	060

COLUMN YouTubeは、学校教育や企業研修にも利用されています。 064

CHAPTER 2
「アウトプット」は
手作業せずに関数を使う　　　065

2-01 関数を武器にしてアウトプットを加速させる
書式／数式／引数　　　066

2-02 条件に合わせて表示を切り替える万能IF関数
IF　　　068

2-03 AND関数とOR関数を使ってIF関数の幅を広げる
AND／OR　　　072

2-04 条件に一致するデータの数を一瞬で数えるCOUNTIFS関数
COUNTIFS　　　076

2-05 条件に一致するデータの合計を瞬時に求めるSUMIFS関数
SUMIFS　　　080

2-06 金額の端数処理にはROUNDDOWN関数がマスト
ROUNDDOWN　　　084

COLUMN 🔍　1本の動画ができるまで〜Excel動画の制作の裏側。　088

CHAPTER 3
現場で「VLOOKUP関数」をとことん使い倒す

089

3-01 業務を自動化するVLOOKUP関数を極めよ
VLOOKUPとは　　　090

3-02 VLOOKUP関数を3ステップでマスター！
VLOOKUPの基本　　　092

3-03 エラー値が表示された資料は美しくない
IFERROR　　　096

3-04 入力不要の「選択リスト」でさらに効率化
リスト　　　100

3-05 テーブルの活用でデータの増減に自動対応
テーブル／構造化参照　　　(Ctrl+T)　　　104

3-06 引数［列番号］を修正するひと手間を省く
COLUMN　　　108

3-07 「〜以上〜未満」の検索は近似一致であるTRUE(1)で！
近似一致　　　112

3-08 別シートにあるマスタデータを参照する
別シートの参照　　　116

3-09 複雑なIDの一部を引数［検索値］にしよう
LEFT／RIGHT／MID／FIND　　　120

3-10 重複するデータをユニークなものに置き換える
COUNTIF　　　124

3-11 さらに高度な検索を可能にする2つの関数
INDEX／MATCH　　　　　　　　　　　　　　　　　128

COLUMN 🔍　ビジネスマンにも役立つ教育系のYouTubeクリエイター　132

CHAPTER 4
データを最適な「アウトプット」に落とし込む　133

4-01	データの「見える化」を助ける重要機能とは？ 見える化	134
4-02	データ分析の第一歩は「並べ替え」のマスターから 並べ替え	136
4-03	氏名からフリガナを取り出して修正 PHONETIC	140
4-04	欲しい情報だけを瞬時に絞り込む フィルター	144
4-05	大量のデータを多角的に分析するピボットテーブル ピボットテーブル	148
4-06	データをあらゆる視点で分析してみよう ピボットテーブルの作成	150
4-07	「四半期別」や「月別」の売上もすぐ分かる ドリルダウン／グループ化	156
4-08	シート別に担当者ごとの売上表を一気に作る レポートフィルター	160
4-09	伝える力を高める！ 集計結果を視覚化しよう ピボットグラフ／スライサー	164
COLUMN	個人の時代に組織を飛び出すあなたへ。	168

CHAPTER 5
「シェア」の仕組み化で
チームの生産性を上げる　　　　169

5-01	誰でもシンプルに入力できる「仕組み」が大事	
	シェア	170
5-02	共同編集を可能にしてチームで同時に編集する	
	ブックの共有	172
5-03	ただ眺めていては発見できない数式のエラー	
	数式チェック	176
5-04	美しいシートに仕上げるデザインのルール	
	行列／目盛線／書式設定	180
5-05	入力ミスを直ちに見つける仕組みを作ろう	
	データの入力規則	186
5-06	セルに書式を設定して入力漏れを防ぐ工夫を！	
	条件付き書式	190
5-07	誤ったデータの削除や数式の書き換えを防ぐ	
	シートの保護／ブックの保護	194
5-08	印刷設定を工夫して見やすい資料に仕上げる	
	印刷／フッター	198

COLUMN　Excel VBA（マクロ）を学ぶことが、より重要な時代に。　202

Ctrl+R
Ctrl+P

INDEX	203
読者アンケートのお願い	205

練習用ファイルについて

本書で紹介している練習用ファイルは、弊社Webサイトからダウンロードできます。
練習用ファイルと書籍・動画を併用することで、より理解が深まります。

練習用ファイルのダウンロードページ

https://book.impress.co.jp/books/1118101035

本書の読み方

各レッスンには、操作の目的や効果を示すレッスンタイトルと機能名で引けるサブタイトルを付けています。2〜4ページを基本に、テキストと図解で現場で使えるスキルを簡潔に解説しています。

練習用ファイル

解説している機能をすぐに試せるように、練習用ファイルを用意しています（詳しくは15ページを参照）。

動画解説

動画が付いたレッスンは、ページの右上に表示されたQRコードまたはURLから動画にアクセスできます。

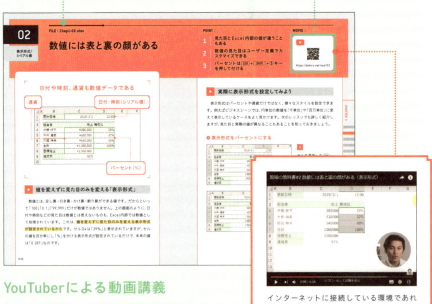

YouTuberによる動画講義

レッスンで解説している操作を動画で確認できます。著者の解説とともに、操作の動きがそのまま見られるので、より理解が深まります。すべてのレッスンの動画をまとめたページも用意しました。

インターネットに接続している環境であれば、パソコンやスマートフォンのウェブブラウザーから簡単に閲覧できます。アプリのインストールや登録の手続きなどは不要です。

⊙ **本書籍の動画まとめページ**

http://dekiru.net/osa

PROLOGUE

仕事ができる人は
Excelを
どう学んでいるのか

01 本書の特徴
Excelをマスターできない、たった1つの理由

▶ 本×動画の新しい学び方

「Excelって、学んでもいまいち頭に入ってこない……」このような悩みを抱えていませんか。私もかつては同じでした。解説書を手に取るものの、まったく理解が進まず、そのまま読むのをやめた本がたくさん眠っています。

頭にスッと入るExcelの学習法とは何か。そんなことを数年にわたって考え続けた結果、ある1つの答えにたどり着きました。それが<mark>「コンテンツミックス」という学習法</mark>です。端的に言えば、文章・画像・音声・動画という4種類のコンテンツ形式をすべてミックスした学びの体験を指します。それぞれの形式のメリットを生かすのが特徴であり、とくにExcel学習においてはこの学び方が極めて効果的です。それはExcelの学習が、断片的な知識ではなく、連続的な操作を学ぶものだからです。連続的な操作は動画での学習が最適ですが、忙しい人は動画で学ぶ余裕がありません。だからこそ、情報の要点をつかみやすい本と、分からない個所を深堀りできる動画の組み合わせが、Excel学習の最適解なのです。

[コンテンツの形式の違いによる特徴(図表0-01)]

コンテンツの形式	断片的な情報へのアクセスのしやすさ	連続的な情報へのアクセスのしやすさ	配信形式ごとのメリット
文章	○	×	情報の要点をつかむのに向いている(本)
画像	○	×	情報の要点をつかむのに向いている(本)
音声	×	○	情報の流れをつかむのに向いている(動画)
映像	×	○	情報の流れをつかむのに向いている(動画)

POINT :

1. 本は情報の要点をつかみやすい
2. 動画は情報の流れをつかみやすい
3. 本書は両者のメリットを生かせる

これまでExcelがマスターできなかったのは、決して皆さんのせいではありません。動画コンテンツが流通しづらい時代のせいだったのです。今はもうYouTubeがありますね！

　YouTuberが行うコンテンツミックスの価値は、次の3つが挙げられます。

・本を読んで分からなくても、動画を見れば直感的に分かる
・動画を見る時間がなければ、本を読んで要点をつかめる
・それでも分からないことがあれば、YouTubeで質問ができる

　本書の価値は、YouTubeを使ったコンテンツミックス学習ができる日本で初めてのExcel本であることです。

[**コンテンツミックス学習ができる本書の価値**（図表0-02）]

	情報の要点をつかみやすい	
情報の流れをつかみにくい	文章×画像 (本)	コンテンツミックス (本×動画)
		情報の流れをつかみやすい
	映像×音声 (動画)	
	情報の要点をつかみにくい	

02 学習

読む前に知っておきたい Excel学習の3要素

▶ Excelを使う理由と学びの3要素

　私たちは、なぜExcelを使うのでしょうか。それは、データを情報として「見える化」するためです。Excelは、膨大なデータを価値のある情報に変え、それを視覚に訴える形でアウトプットできる優れたソフトウェアです。だからこそ、データ量が膨れあがるビッグデータ時代のビジネスにおいて、その使いこなし術がよりいっそう求められるのです。

　では、そもそもExcelでは何を学ぶのでしょうか。その答えは、「機能」、「関数」、「VBA」という3つの要素です。

1. 機能　コピーや印刷のように、特定の機能の実行を指示する命令
2. 関数　複雑な計算を1つの数式で簡潔に記述できる計算の仕組み
3. VBA　処理を自動化するときに用いるExcelのプログラミング言語

　これら3つの要素を場面ごとに使い分けられる能力が、実務で求められるExcelスキルです。ただし、頻繁に使うものは暗記をすべきですが、あまり使わないものは「こういうのがあったな」と覚えておくだけで十分でしょう。なお、本書ではExcelのプログラミング言語であるVBAについては解説しません。本書で機能や関数を学んだ後に、ぜひチャレンジしてみてください。

Excelの全体像をつかんでから実践に入ると、自分が何をしているか安心して学べるため、効率よくスキルアップできます。

POINT :

1. Excelは、データを意味のある情報に変えるアプリケーション
2. Excelの学習は、機能、関数、VBAの3要素を学ぶ
3. 機能は暗記。関数は暗記して組み合わせ

▶ 関数は暗記するだけでは使えない

　さて、これからExcelを学習し、現場の実務で使おうとすると「あれ、学んだはずなのにできない……」とつまずくタイミングがやってきます。数学のテストと一緒です。公式を丸暗記して解けるのは問1だけ。問2以降は、公式を組み合わせるなど、発想の転換が必要です。Excelの学習においては、機能は丸暗記すればいいのですが、==関数は組み合わせる発想力が必要==なのです。

　でもご安心ください。本書では、個々の関数を学んだ後に、実務で頻繁に用いる組み合わせパターンについても学習していきます。

理解を深めるHINT 🔍

現場では関数を組み合わせて使うことが多い

詳しくは後述しますが、関数の組み合わせとは、関数の式の中に別の関数を入れ子することです。これを==関数のネスト==と言います。数式だけ見ると難しく感じるかもしれませんが、本書を読み進めていくと実務でも自分で関数の組み合わせができるようになります。

● 関数のネストの例

= **IFERROR** (**VLOOKUP** (**H3,A1:D10,2,0**),"")

IFERROR関数の中にVLOOKUP関数を指定して計算することもできる。

03 現場のExcel実務は3つのフローから成り立つ

実務フロー

▶ 仕事の流れを分解してみよう

「Excel 現場の教科書」と題された本書では、現場のExcel業務を3つのフローに分けて、機能や関数を紹介していきます。その3つのフローとは、インプットとアウトプット、そしてシェアです。

Excelに何かしらの==データを入力し（インプット）==、それを==意味のある情報に加工・集計し（アウトプット）==、最終的に==チームやクライアントに共有する（シェア）==。これがどの会社で働く方にも共通する、Excel実務の業務フローになります。この流れの中で、どのような機能や関数の使い方ができるかを体系的にまとめたのが本書です。そのため、日々の仕事で立ち止まることがあれば、自分が今どのフローの作業をしているかを考え、フロー別のページを改めて読み返してみてください。きっと役に立つヒントが見つかるはずです。

さらに実務では、同じExcelファイルを四半期ごとに使い回すという運用が多いため、ある一定期間で業務を俯瞰すると、この業務フローはループを描きます。このループがきれいに回る仕組みを作ることで、効率的なExcelの運用を実現できます。

[**Excel実務の3つのフロー**（図表0-03）]

POINT:

1. Excelの実務は、インプット→アウトプット→シェア
2. 自分が今どのフローか確認しよう
3. 効率的な運用の鍵はループが回る仕組み作り

● Excel実務の3つのフロー

インプット＝入力
第1章でデータの取り込み、表記の統一などの入力ワザを紹介。それに合わせてExcelデータの基礎知識も解説します。

アウトプット＝集計・加工
第2章〜第4章では、関数を使ったデータの集計から、データの抽出、ピボットテーブルの作成方法を解説します。

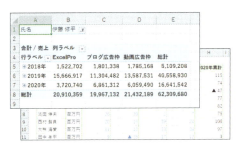

シェア＝共有
第5章では、Excelのブックを共同作業することを想定し、第三者による誤操作を発生させない仕組みの作り方や、印刷の便利技を紹介します。

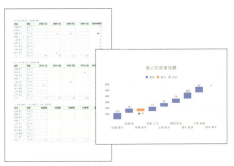

COLUMN 🔍

私も、YouTubeでExcelを学びました。

　Excelを本気で極めよう、そう思ったのは米ワシントン大学に留学した際のインターンシップがきっかけでした。異国でのインターン初日、ドキドキしていた私をよそに、休憩室の向こうから聞こえてきたあの言葉が今でも忘れられません。「Oh…another intern．(またインターンがきたよ)」。この一言で一気に目が覚めました。彼らにとって、私はただのやっかいものだったのです。

　なにくそ！と思い、仕事に取り組むものの、確かに当時の私は使い物になりませんでした。初日は、Excelでデータ分析を行って上司に報告するというシンプルな業務でしたが、あっという間に時間だけが過ぎ、思うように英語も出てこず撃沈……。たった3カ月で日本に帰るインターン生を相手にするほど、ビジネスの現場は甘くありません。その日の帰り道、バスで顔を真っ赤にしながら涙を流したものの、部屋に戻るや私は机に向かっていました。「やってやろうじゃないか。英語で太刀打ちできないのなら、Excelをとことん極めてやる」

　その日から、世界中のExcel関連サイトを漁りコンテンツを夜通し探し求めました。この時、英語のリスニングも兼ねて、動画で学ぼうと決めたことが「ExcelのYouTube学習」との出会いです。3カ月のインターンが終わる頃、私への周りの評価は劇的に変わりました。チームメンバーからのサンキューレターはもちろん、最後に頂いた上司の言葉を思い出します。「You were a big asset to the company．(君は会社にとって大きな財産だった)」

　さて、日本に帰ってきた私がやったこと。もうお気づきですね。YouTubeでExcelを教え始めたのです。私は視聴者の悩みを解決する相談相手として「画面の向こうにいる昨日の自分」に語るようにコンテンツを作り始めました。こうして生まれた「おさとエクセル」というチャンネルは、今や27,000人以上が登録する日本最大のExcelチャンネルにまで成長しました。視聴者の方が口コミで広げてくださったことが一番の理由です。動画に対する視聴者の方のコメントを見るのが、今では毎日の楽しみになっています。

CHAPTER 1

「インプット」の
速度を上げる習慣を
身に付ける

01

FILE : Chap1-01.xlsx

数値／文字列／数式

職場では教えてくれない入力データの「種類」とは？

▶ Excelで扱えるデータを知ろう

　Excel業務で欠かさない作業の1つに<mark>データを入力するインプット作業</mark>があります。この章では、インプット作業が速くなる便利な機能やコツを紹介します。まずは「セルの中にはどんなデータを入力できるか」を覚えておきましょう。データの種類は大きく分けて3つあります。

・数値　　計算に使える数字データ（ex.「100」「0.5」）
・文字列　計算には使えない文字データ（ex.「Excel」「エクセル」）
・数式　　セルの先頭に「=」を入力した計算式や関数の数式（ex.「=1+1」
　　　　　「=SUM(E3:E5)」）

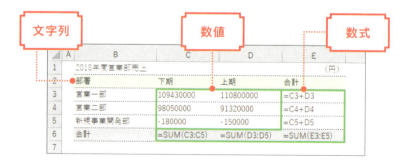

　通常、Excelに入力したデータは、<mark>Excelが自動的に数値や文字列といったデータの種類を区別</mark>します。そのためデータの種類を意識せずにExcelを使っている人も多いと思いますが、関数や数式を作る際は数値と文字列では扱い方が変わるので、データの種類を知っておくことが重要です。

POINT

1. 「数値」と「文字列」の違いを知る
2. 「＝」から入力すると数式になる
3. 数式に文字列を入力するときは「"」で囲む

MOVIE

https://dekiru.net/osa101

▶ 数式は記号を使って計算しよう

ここでは数式について一歩踏み込んでいきます。Excelは「＝」から始まるデータを数式と判断します。シート上で計算を行うときは、記号を使って計算の種類を指定しましょう。足し算・引き算・かけ算・割り算（四則演算）やべき乗を計算したいときは、算術演算子を使います。

[算術演算子の記号（図表1-01）]

意味	記号	入力例
加算	+（プラス）	=A1+A2（A1の値にA2を足す）
減算	-（マイナス）	=A1-A2（A1の値からA2を引く）
乗算	*（アスタリスク）	=A1*A2（A1の値にA2をかける）
除算	/（スラッシュ）	=A1/A2（A1の値をA2で割る）
べき乗	^（キャレット）	=A1^A2（A1をA2乗する）

数式に使える記号には、算術演算子だけでなく、文字列を連結できる文字列演算子や値を比較できる比較演算子もありますよ。

- 文字列演算子 ……………………… P.028
- 比較演算子 ………………………… P.071

CHAPTER 1 入力のスピードを高速化

▶ 数式で文字列を扱うときの注意点

「＝1＋2」や「＝A1＋A2」のように、数式には数値やセル番地が扱えます。数値だけではなく文字列も扱えますが、数式内に文字列を入れるときは必ず<mark>ダブルクォーテーション「"」で囲む</mark>のがルール。数式内に「様」を入力したいときは「"様"」、全角の空白スペースを入力したいときは「"　"」として文字列として扱います。

またセルを連結したいときは<mark>文字列演算子</mark>である「＆」を使って、下の図のように文字列を繋げてみましょう。

● 氏名に「様」を付けたい

＝B3&C3&"様"

1 セルD3に上の数式を入力して Enter キーを押す

「大竹みどり様」と表示された。

実務上は、文字列の後ろに"様"などの単位を付けるときは、次のレッスンで紹介する「表示形式」を利用します。

・表示形式で、氏名に「様」を付ける … P.033

● 姓と名の間に空白スペースを入れる

= B3&"　"&C3

1 セルD3に上の数式を入力して Enter キーを押す

「大竹　みどり」と表示された。

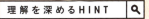 理解を深めるHINT

「0123」と入力すると「123」と表示されてしまう

「0123」と入力しても、Excelは数値データと解釈するため「123」と表示されてしまいます。先頭の「0」を表示したいときはシングルクォーテーション「'」を付けて「'0123」と入力しましょう。こうすることで、数値ではなく文字列と認識され、「0123」とそのまま表示できます。

● 数字を文字列として入力する

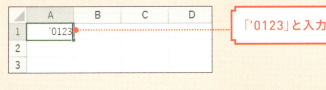

「'0123」と入力

先頭に「0」を含む数字が入力された。

02 表示形式

FILE：Chap1-02.xlsx

数値には表と裏の顔がある

日付や時刻、通貨も数値データである

通貨

日付・時刻（シリアル値）

	A	B	C	D
1		更新日時	2019/3/1	12:00
3		担当者	売上	構成比
4		伊藤 修平	¥390,000	29%
5		大熊 海愛	¥430,000	32%
6		岡田 伸夫	¥540,000	40%
7		合計	¥1,360,000	100%
8		目標売上	¥1,500,000	
9		達成率		91%

パーセント（%）

▶ **値を変えずに見た目のみを変える「表示形式」**

　数値とは、足し算・引き算・かけ算・割り算ができる値です。だからといって「100」「0.1」「99,999」だけが数値ではありません。上の画面のように、日付や時刻などの見た目は数値とは思えないものも、Excel内部では数値として処理されています。これは、==値を変えずに見た目のみを変える表示形式が設定されているから==です。セルD4は「29%」と表示されていますが、セルの値を百分率にし「%」を付ける表示形式が設定されているだけで、本来の値は「0.287」なのです。

POINT:

1. 見た目とExcel内部の値が違うこともある
2. 数値の見た目は、ユーザー定義でカスタマイズできる
3. パーセントは Ctrl + Shift + 5 キーを押して付ける

MOVIE:

https://dekiru.net/osa102

▶ 実際に表示形式を設定してみよう

表示形式はパーセントや通貨だけではなく、様々なスタイルを設定できます。例えばビジネスシーンでは、円単位の数値を「千単位」や「百万単位」に変えて表示しているケースをよく見かけます。次のレッスンでも詳しく紹介しますが、見た目と実際の値が異なることもあることを知っておきましょう。

● 表示形式をパーセントにする

1
セルを選択して Ctrl + Shift + 5 キーを押す

CHECK!
[ホーム]タブの[数値]グループにある[パーセントスタイル]ボタンでも設定できます。ショートカットキーの方が速いですが、忘れた場合はここから設定しましょう。

パーセント(%)の表示形式に切り替わった。

● 数値を千単位で表示させる

「390,000」を「390」と千単位で表示するときは、以下の手順で表示形式を設定しましょう。数値の見た目は変わっても、実際の値は「390000」のままです。

1
セルを選択して Ctrl + 1 キーを押す

CHECK!
Ctrl + 1 キーを押して[セルの書式設定]ダイアログボックスを表示します。よく使うので覚えておきましょう。

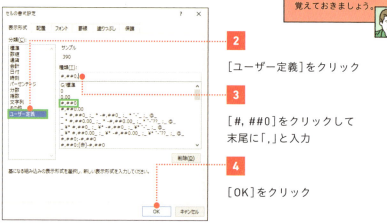

2
[ユーザー定義]をクリック

3
[#,##0]をクリックして末尾に「,」と入力

4
[OK]をクリック

「390」と千単位で丸めて表示された。

CHECK!
ビジネスシーンでは、プラスとマイナスの数値に分けて書式を変える機会もよくあります。詳しくは184ページで紹介しています。

切り捨てで表示させられる？

　ここでは表示形式をカスタマイズできる==ユーザー定義==を使いました。前ページの手順3で入力した記号は==書式記号==といい、書式記号を組み合わせて表示形式を指定していきます。数値を表す書式記号には「0」と「#」があり、その記号の違いは「0」のときに表示されるかされないかです。また末尾に「,」を付けると下3桁、「,,」を付けると下6桁を省略できます。

[**数値の書式記号の設定例**（図表1-02）]

入力データ	書式記号	表示される結果
123456000	#,##0	123,456,000
	#,##0,	123,456
	#,##0,,	123
123	0000	0123
	####	123
0	#,##0	0
	#,###	（何も表示しない）

理解を深めるHINT

表示形式で、氏名に「様」や数値に「万円」を付けるには

28ページでは、数式を使って文字列に「様」を付けましたが、実務では表示形式で「様」を付けましょう。また「100万円」のように数値に単位を付けたいときも同様です。表示形式の設定で単位を付けたデータは文字列ではなく数値のままなので、計算も可能です。

・書式番号「@"様"」　　文字列の末尾に「様」を表示
・書式番号「0"万円"」　 数値の末尾に「万円」を表示

03

シリアル値

FILE : Chap1-03.xlsx

日付や時刻を示す「シリアル値」を理解する

▶ 日付と時刻が「数値」ってどういうこと？

　前のレッスンでは、日付や時刻も「数値」であると解説しましたが、これがどういうことなのか詳しく解説しましょう。足し算や引き算をすることが得意なExcelは、日付や時刻を「数値」として取り扱います。例えば「2019/3/1」は「43525」、昼の「12:00」は「0.5」といった具合です。こうすることで、日付や時刻の計算が可能になるのです。

▶ 日付や時刻に隠されている数値を見てみよう

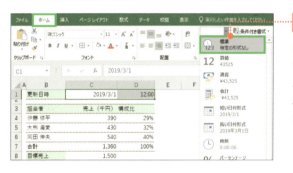

1　日付が入力されたセルを選択した上で、[ホーム]タブの[数値]グループの▼をクリックして[標準]を選択

　日時の表示形式を[標準]に設定すると「2019/3/1」は「43525」、「12:00」は「0.5」と表示された。

034

POINT :

1. 数値として取り扱うから日付や時刻も計算できる
2. 日付や時刻の数値を「シリアル値」と呼ぶ
3. シリアル値は「1900年1月1日」を「1」として数える

MOVIE :

https://dekiru.net/osa103

▶ 日付と時刻に割り当てる「シリアル値」

　2019年3月1日を表す「43525」という数値は、連続的な値を意味する<mark>シリアル値</mark>と呼ばれます。日付のシリアル値は「1900年1月1日」を「1」として数え、そこから43525番目が「2019年3月1日」になります。一方、時刻のシリアル値は24時間を「1.0」として数え、12時はその半分なので「0.5」という数値になります。つまり、整数部分が日付を、少数部分が時刻を表すのです。

[日付のシリアル値（図表1-03）]

[時刻のシリアル値（図表1-04）]

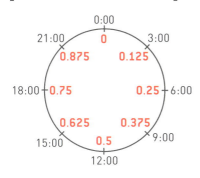

日付と時刻を一緒に表すこともでき、「2019/3/1 12：00」のシリアル値は「43525.5」となる。

> **CHECK!**
> 見た目は日付や時刻でも、Excelの内部では数値として管理しているのです。この基本概念を知らないまま進めていくと、のちのち実務でつまずくのでしっかり覚えておきましょう。

CHAPTER 1

入力のスピードを高速化

04 コピー／オートフィル

FILE：Chap1-04.xlsx

どんな書類作成でも役立つ連続データの入力法

コピー機能を利用して入力を素早く！

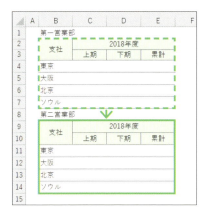

ショートカットキーを使ってセル範囲をコピー

オートフィルを使って連続するデータをコピー

▶ **データ入力を加速化する基本のコピペ**

　データの入力を行う上で、セルのコピーは欠かせない機能です。すでにExcelを日常業務で使っている人はご存じだと思いますが、まずは使用頻度が高い<mark>コピー＆ペーストの基本</mark>を紹介しておきます。

　さらに、セルに「1，2，3」や「月，火，水」、「2018年，2019年，2020年」のように連続するデータを入力したいときに、都度入力する必要がなくなる<mark>オートフィル機能</mark>も解説します。数式や関数の入力時は、オートフィルが大活躍するのでぜひ覚えておきましょう。

POINT :

1 Ctrl + C キーを押してコピー

2 Ctrl + V キーを押してペースト

3 連続する数値はオートフィル機能を使う

MOVIE :

https://dekiru.net/osa104

● マウスを使わずキー操作でコピーしよう

1 セルを選択して Ctrl + C キーを押す

2 貼り付け先のセルを選択して Ctrl + V キーを押す

セル範囲のデータが貼り付けられた。

CHECK!

[ホーム]ボタンの[クリップボード]グループから[コピー]ボタンをクリックして、[貼り付け]ボタンを押しても貼り付けられますが、キー操作の方が圧倒的に作業がラクです。

Ctrl + C キーでコピー、Ctrl + V キーで貼り付け。このショートカットキーは必須で覚えておきましょう。

CHAPTER 1 入力のスピードを高速化

● オートフィルで連続するデータを入力する

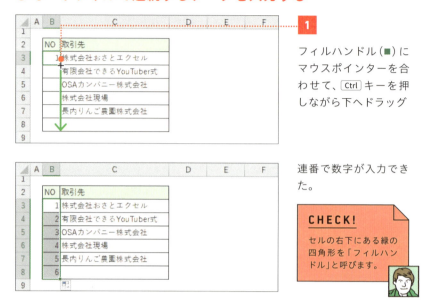

フィルハンドル（■）にマウスポインターを合わせて、Ctrl キーを押しながら下へドラッグ

連番で数字が入力できた。

CHECK!
セルの右下にある緑の四角形を「フィルハンドル」と呼びます。

セルを選択した状態で Ctrl キーを押しながらフィルハンドルをドラッグすると、自動的に連番を入力できます。ビジネスのデータはナンバリングして管理することが多く、オートフィルを使えば漏れなく入力できます。もし、すべてのセルに「1」を入力したいときは、Ctrl キーを押さずにドラッグしましょう。

また数値以外でも、日付や曜日、干支、第1位、1Qなどもオートフィルで連続入力することが可能です。紛らわしいのですがこの場合は、Ctrl キーを押さずにフィルハンドルをドラッグします。

● 日付と曜日の連続するデータを入力する

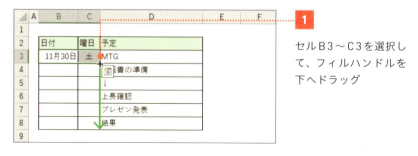

セルB3〜C3を選択して、フィルハンドルを下へドラッグ

「11月30日」を基点に、連番で日付と曜日データが入力できた。

このようにオートフィル機能には誤入力を防ぐメリットもあります。次のレッスンでは、オートフィルで数式をコピーする方法を紹介していきます。

理解を深めるHINT

データの規則性を見つけて、一括で自動入力する

オートフィルと合わせて覚えておきたいのが、フラッシュフィルです（Excel 2013以降のバージョンのみで使えます）。先頭のセルに入力してデータの規則性に基づいて自動入力できます。隣の列のデータを空白の位置で分割や、連結したいときに便利です。

1 セルC3に「伊藤」と入力

2 [データ]タブの[データツール]グループの[フラッシュフィル]をクリック

姓だけを取り出して一気に入力できた。

05

相対参照／絶対参照

FILE：Chap1-05.xlsx

セル参照を理解して1つの数式を使い回そう

セル参照を数式の中で使いこなそう！

セルC2に「=B2」と入力して Enter キーを押す。セルB2のデータが表示できる。

セルC2を下へドラッグしてコピーすると「=B2」「=B3」「=B4」とオートフィルが機能する。

「=B2」のように、他のセルのデータを引っ張ってくることを「セル参照」といいます。

▶ セル参照は、数式を使いこなすための必須知識

　前のレッスンでは連続するデータのコピー方法を紹介しましたが、同様に数式もオートフィルでコピーできます。上の図のように、コピーされた数式は「=B2」「=B3」「=B4」とコピー先に応じて参照元が変わっていきます。これを「相対参照」といいます。一方で、数式をコピーしても参照元を変えずに固定する方法を「絶対参照」といいます。この2つの参照方法を理解できていないと、関数を使う際に必ずつまずきます。ここでは、「相対参照」「絶対参照」の使い分けと、セル参照の切り替え方を身に付けましょう。

POINT：

1 相対参照は、コピー先に応じて参照するセルが変わっていく

2 絶対参照は、コピーしても参照するセルが固定される

3 [F4]キーを使ってセル参照を切り替える

MOVIE：

https://dekiru.net/osa105

▶ 相対参照と絶対参照の使い分けがポイント

通常、Excelで数式をコピーすると相対参照になり、セル番号もコピー先に応じて変わります。では絶対参照は、どう数式が変化していくのかを見てみましょう。

● 2つのセル参照の比較

相対参照
他のセルにコピーすると参照するセルが変わる（参照元のセルが可変）

セルC2に入力した「=B2」を下へコピーすると「=B3」「=B4」とコピー先に応じて参照元が変わります。

絶対参照
他のセルにコピーしても参照先が変わらない（参照元のセルが固定）

セルC2に入力した「=$B$2」を下へコピーすると「=$B$2」「=$B$2」と、参照元であるセルB2が固定されました。固定したいセルは行・列の前に$マークを付けると、絶対参照に切り替わります。

● 相対参照の場合（参照元のセルが変化）

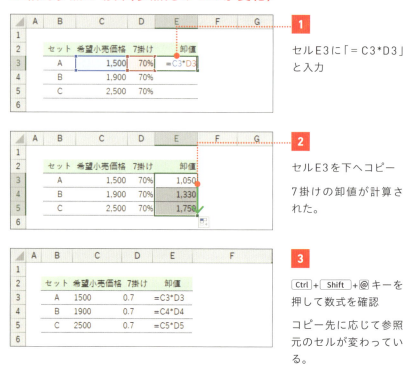

1. セルE3に「＝C3*D3」と入力

2. セルE3を下へコピー

    7掛けの卸値が計算された。

3. Ctrl + Shift + @ キーを押して数式を確認

    コピー先に応じて参照元のセルが変わっている。

[**相対参照のイメージ**（図表1-05）]

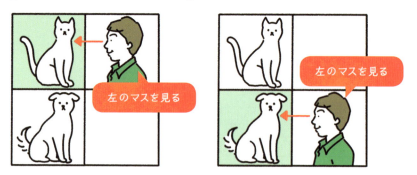

　上の図表1-05は、どの位置にいても「現在地から左のマス」を見ています。上の手順にある卸値の例でも、常に「左隣のセル」を参照していました。数式がコピーされると参照元のセルも変わるのが相対参照です。

● 絶対参照の場合（参照元のセルが固定）

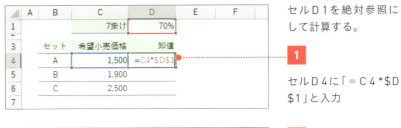

1 セルD1を絶対参照にして計算する。

セルD4に「＝C4*$D$1」と入力

2 セルD4を下へコピー

7掛けの卸値が計算された。

3 Ctrl + Shift + @ キーを押して数式を確認

コピーしてもセルD1は固定されている。

[**絶対参照のイメージ**（図表1-06）]

　上の図表1-06は、どの位置にいても「猫がいるマス」を見ています。先の卸値の例でも、常に「セルD1」を参照していました。数式がどこにコピーされても参照元のセルが固定されているのが絶対参照です。

▶ 相対参照から絶対参照に切り替える

担当者別の売上構成比は、「担当者売上÷合計売上（セルＣ６）」で求めます。セルＣ６は常に固定するように、数式を作ってみましょう。ポイントは「＄」を手入力せずに F4 キーを使って参照を切り替えることです。

● 担当者別の構成比を求める

1
セルD3に「=C3/C6」と入力して、下へコピー

数式が相対参照でコピーされてしまい、「#DIV/0!」とエラーが表示された。

2
セルD4をクリックして F2 キーを押す

CHECK!
F2 キーを押すと、セルが編集モードに切り替わります。

3
「=C3/C6」の「C6」にカーソルを合わせて、F4 キーを押す

CHECK!
F4 キーを押すと、参照方法が切り替わります（図表1-07）。

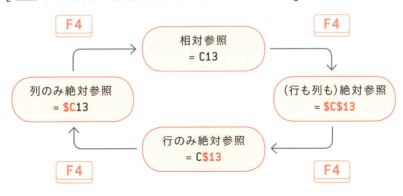

数式が「=C3/$C$6」となり、セルC6が絶対参照に切り変わった。

4

セルD3を下へコピー

担当者別の構成比が正しく求められた。

[F4 キーを押して参照方法を切り替える（図表1-07）]

F4 → 相対参照 = C13 → F4 ↓
（行も列も）絶対参照 = $C$13
↑ 行のみ絶対参照 = C$13 ←
列のみ絶対参照 = $C13
F4 ↑　　　　　　　　F4

「=C$13」は行のみ絶対参照、「=$C13」は列のみ絶対参照です。行または列のどちらだけを絶対参照と指定することを「複合参照」ともいいます。こちらは79ページで、詳しく解説します。

・行のみ絶対参照／列のみ絶対参照 … P.079

06 形式を選択して貼り付け

FILE : Chap1-06.xlsx

データ貼り付け時の「形式」選びを極めよう

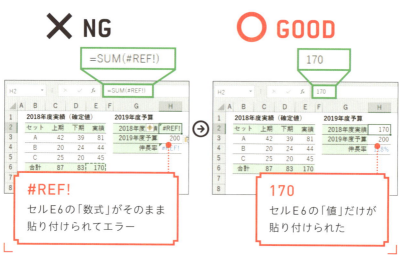

セルE6の値をセルH2へコピーしたら……

× NG
=SUM(#REF!)

#REF!
セルE6の「数式」がそのまま貼り付けられてエラー

○ GOOD
170

170
セルE6の「値」だけが貼り付けられた

▶ セルの上にフィルターをかぶせているようなイメージです

　「数式ではなく、計算結果の値だけをコピーしたい」「文字の色や罫線といった書式だけをコピーしたい」といった場面に出会ったことはないでしょうか。Excelのコピペの挙動を理解するためには、図表1-08のように「立体」で捉えるのがポイント。セルという収納ボックスに、数値や文字列データを格納し、その上にフィルターをかぶせているイメージです。このように立体で捉えることで、貼り付けのオプション機能（形式を選択して貼り付け）が、セルに含まれる各要素をコピペの対象にしていることが明確になります。

POINT：

1. セルのデータは、平面ではなく立体でイメージする
2. 書式や値、列幅など貼り付け方法はカスタマイズできる
3. Ctrl + Alt + V キーを押して形式を選択して貼り付ける

MOVIE：

https://dekiru.net/osa106

[セルのデータを分解して考えてみる（図表1-08）]

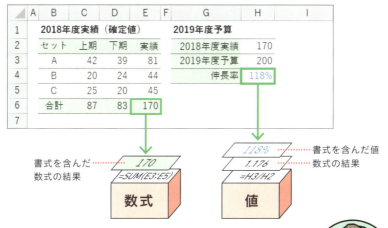

シート上に表示されている見た目と、格納されている値を分けて捉えることが重要です。

▶ 形式を選択して貼り付ける Ctrl + Alt + V

　ここでは、形式を選択して貼り付ける方法を紹介します。［ホーム］タブの［貼り付け］ボタンからも設定できますが、ショートカットキーを使う方が速いので Ctrl + Alt + V キーを覚えておきましょう。すべてのデータを貼り付けるのではなく、「値のみ」「書式のみ」「列幅のみ」などいろんな形式があるので、知っていると実務でとても役立ちます。

047

● 数式は貼り付けないで「値」のみを貼り付ける

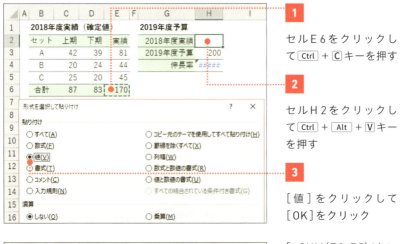

1 セルE6をクリックして Ctrl + C キーを押す

2 セルH2をクリックして Ctrl + Alt + V キーを押す

3 [値]をクリックして[OK]をクリック

「=SUM(E3:E5)」という数式ではなく「170」という値のみが貼り付けられた。

●「書式」のみを貼り付けて表を再利用する

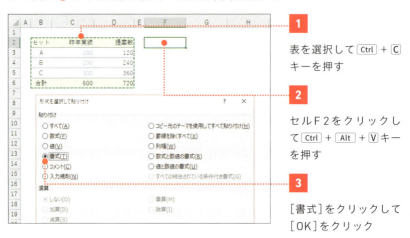

1 表を選択して Ctrl + C キーを押す

2 セルF2をクリックして Ctrl + Alt + V キーを押す

3 [書式]をクリックして[OK]をクリック

数式や値は貼り付けられず、書式のみが貼り付けられた。

[貼り付けのオプション]ボタン

貼り付け後に表示される[貼り付けのオプション]ボタンからも、貼り付けの形式は変更できます。

[[形式を選択して貼り付け]で選べる貼り付けの形式（図表1-09）]

形式	意味
すべて	数式や値、書式、コメント、入力規則などをすべて貼り付ける（通常のペースト）
数式	数式を貼り付ける。セル参照は自動調整される
値	数式をコピーした場合は結果の値のみを貼り付ける
書式	数式や値は貼り付けずに、セルの書式のみ貼り付ける
罫線を除くすべて	罫線なしで数式や文字列と書式を貼り付ける
列幅	コピー元の列幅のまま、数式や文字列、書式を貼り付ける
数式と数値の書式	数式と日付を含む数値の書式設定のみが保持されて貼り付ける。さらに数式は値のみを貼り付ける
値と数値の書式	数式と日付を含む数値の書式設定を貼り付ける。さらに数式は値のみを貼り付ける

07 データベース

FILE : Chap1-07.xlsx

やみくもに表を作る前に データベースの概念を知る

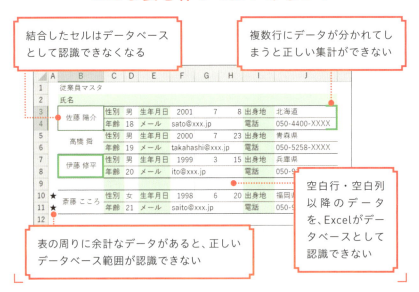

▶ 検索や蓄積しやすい表を作る

データベースとは、検索や蓄積を行いやすいように整理されたデータの集まりのことです。また、本書ではデータベース形式の表をマスタデータと表記しています。インプットの段階で上の図のような表を作ってしまうと、フィルターやピボットテーブルなどの機能が使えず、Excelでのアウトプットがうまくいきません。ここでは、データベース作りの作法をご紹介します。ビジネスはデータベースがすべてといっても過言ではありません。膨大なデータをきちんと管理できれば、ビジネスチャンスが拡大します。

POINT:

1. データベース形式の表とそうでない表の違いを理解する
2. 1件のデータは1行に入力する
3. セルを結合させたり、空行を挿入したりしない

MOVIE:

https://dekiru.net/osa107

● 1件のデータは1行に入力する

　顧客や商品などを管理するマスタデータは、次の4つの項目を満たしたデータベース形式の表で作りましょう。

> 表の先頭行には「見出し」（重複のないユニークな値）を設定する

> 「1行につき1件」のデータのみを記載する

> 1つのセルに1つのデータを入れ、複数のセルを結合しない

> 空白の行や、空白の列を作らない

Excelは「空白行と空白列に囲まれた範囲」を1つのデータベースの範囲とみなします。Ctrl＋Shift＋※キーを押すとアクティブセルが含まれるデータベースの範囲を一括選択できるので、範囲確認の際に試してください。

CHAPTER 1　入力のスピードを高速化

08

CSVファイル／区切り位置

FILE：Chap1-08.xlsx

テキストファイルは区切り位置で一発読み込み

テキストファイルのデータを開くと、セルA1を先頭に1件のデータが1つのセルに入っている。

［区切り位置］を使って1つの項目が1つのセルに分割された。

テキストファイルデータを取り込むと1つのセルに1件のデータが入力されていることがあります。ここでは、1つのセルに1つの項目に分割する技を紹介します。

▶ テキストファイルもExcelに取り込める

　<mark>テキストデータは異なるアプリケーション間の橋渡しをしてくれる便利なファイル形式</mark>です。ExcelではCSV形式のテキストデータを読み込むことができます。CSVとは「.csv」で終わるファイルを指し、そのファイルの中にはカンマで区切られたテキストデータが含まれています。実務では、このCSVファイルを経由して、Excel以外のアプリケーションで管理している顧客データベースをExcelに渡すといったことが頻繁に行われます。ここではExcelでテキストファイルを開いたときによくある「困った」を紹介します。

POINT :

1. Excelはテキストファイルのデータも取り込める
2. CSVファイルはカンマで区切られたテキストファイル
3. カンマで区切られたデータは［区切り位置］を使って一気に分割

MOVIE :

https://dekiru.net/osa108

● カンマで区切られたデータを分割する

　テキストファイルをExcelで開いたら、前ページのBEFOREの画面のように、1つのセルに1件分のデータすべてが入ってしまうことがあります。これではExcel上でデータ分析が行えません。そんなときは［区切り位置］の出番です。「従業員ID,氏名,日付,売上」と「,」で区切られた文字列を「従業員ID」「氏名」「日付」「売上」と分割していきましょう。

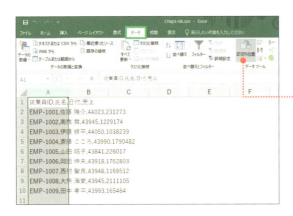

1 A列をクリックして選択

2 ［データ］タブの［データツール］グループにある［区切り位置］をクリック

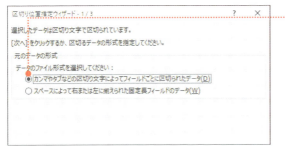

3 ここをクリック

4 ［次へ］をクリック

5 [カンマ]をクリックしてチェックマークを付ける

6 [次へ]をクリック

CHECK!
データのプレビューでカンマの位置に区切り線ができたか確認してみましょう。

7 [完了]をクリック

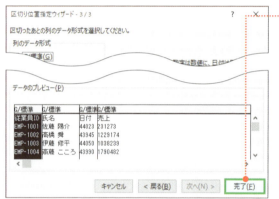

A列に入力されていたデータが、項目ごとに分割された。

CHECK!
テキストファイルは書式を付けて保存できません。セルを塗りつぶしたり罫線を引いたり書式を付けたブックは、Excelブックとして保存し直しましょう。

● テキストファイルをExcelのブックとして保存する

1 F12 キーを押す

CHECK!
F12 キーを押すと［名前を付けて保存］ダイアログボックスを表示できます。

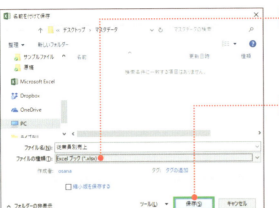

2 ［ファイルの種類］をクリックして［Excelブック］を選択

3 ファイル名を入力して［保存］をクリック

Excelのブック（.xlsx）として保存できた。

理解を深めるHINT

3桁区切りの数値データに要注意！

区切り位置の分割の際に、思ったような結果が得られないことがあります。原因は、区切り位置としてのカンマ以外に「1,000」のような数値の3桁区切りとしてカンマが含まれている場合です。このような記号の重複は、関数を用いて修正することもできますが、データベース側のシステムで直す方が極めて簡単なので、まずは現場が求める表示形式を情報システム関連部署に相談しましょう。

09 データの修正を効率よく的確にするコツ

FILE：Chap1-09.xlsx

ジャンプ／置換

目視で修正は大変！一括選択で修正しよう！

	A	B	C	D	E	F	G	H
1		2018年度担当者別売上表						
2								
3		従業員ID	氏名	1Q	2Q	3Q	4Q	累計
4		EMP-1001	佐藤 陽介	231,273	2,104,733	1,459,053	1,232,005	5,027,064
5		EMP-1002	髙橋 舜	1,229,174	2,111,151	766,456	1,518,036	5,624,817
6		EMP-1003	伊藤 修平	1,038,239	586,366	0	2,875,372	4,499,977
7		EMP-1004	斎藤 こころ	1,790,482	0	1,111,216	1,204,117	4,105,815
8		EMP-1005	山田 昭子	226,017	2,315,113	2,997,516	2,414,282	7,952,928
9		EMP-1006	岡田 伸夫	1,762,803	573,519	2,609,967	1,277,281	6,223,570
10		EMP-1007	西村 聖良	1,169,512	1,181,792	682,940	2,560,527	5,594,771
11		EMP-1008	大熊 海愛	2,111,105	1,481,439	1,104,665	0	4,697,209
12		EMP-1009	田中 孝平	165,464	1,290,644	1,219,116	0	2,675,224
13		累計	合計	9,724,069	11,644,757	11,950,929	13,081,620	46,401,375
14								

「Employee」を「EMP」に変えたい

空白セルに「0」と入力したい

▶ 一括修正に使える3つの超速ワザ

　Excelの表を作成していると、「特定の文字列を変えたい」「空白セルに文字を入力したい」というニーズが出てきます。こんなときは、次の3つの機能を覚えておくと、効率よくデータを整えられます。

・ジャンプ　　空白セルにアクセスする
・一括入力　　空白セルに一括でデータを入力する
・置換　　　　文字列や数値を検索して別のデータに置き換える

POINT:

1. Ctrl + G キーのジャンプ機能で空白セルを一括選択
2. Ctrl + Enter キーで複数セルに文字を入力できる
3. Ctrl + H キーを押して特定の文字列を置換できる

MOVIE:

https://dekiru.net/osa109

● 空白セルに文字を一括入力

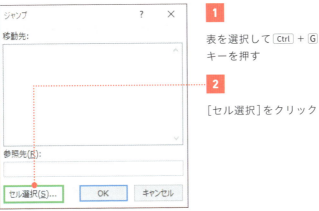

1
表を選択して Ctrl + G キーを押す

2
[セル選択]をクリック

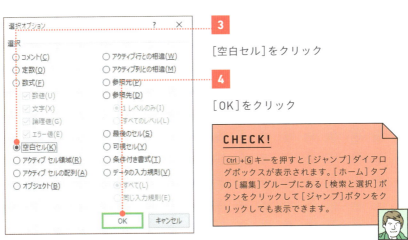

3
[空白セル]をクリック

4
[OK]をクリック

CHECK!

Ctrl + G キーを押すと[ジャンプ]ダイアログボックスが表示されます。[ホーム]タブの[編集]グループにある[検索と選択]ボタンをクリックして[ジャンプ]ボタンをクリックしても表示できます。

空白のセルがすべて選択された。

「0」と入力して Ctrl + Enter キーを押す

空白セルに「0」を一括入力できた。

CHECK!

複数セルを選択し、文字を入力して Ctrl + Enter キーを押すと一括入力できます。

● 特定の文字列を置換する

Ctrl + H キーを押す

検索する文字列に「Employee」、置換後に文字列に「EMP」と入力

[すべて置換]をクリック

058

「Employee」の文字列が「EMP」に置換された。

Ctrl+Hキーで［置換］機能、Ctrl+Fキーで［検索］機能を呼び出せます。［検索］機能も便利なので覚えておきましょう。

理解を深めるHINT

あいまいな条件で検索できるワイルドカード

ワイルドカードを使えば、文字列の一部を指定して、あいまいな条件で検索できます。ワイルドカードとは、任意の文字を表す特別な文字です。

- ＊（アスタリスク）0文字以上の文字列の代わり
- ？（クエスチョン）任意の1文字の代わり

例えば都道府県の一覧から「山＊」を検索すると山梨県、山口県、山形県が検索されます。

[**ワイルドカードの使用例**（図表1-10）]

使用例	意味
＊都＊	「都」を含む文字列（東京都、京都府）
山＊	「山」で始まる文字列（山梨県、山口県、山形県）
？？？県	「県」で終わる計4文字の文字列（鹿児島県、神奈川県）

10 TRIM

FILE：Chap1-10.xlsx

余計なスペースを取り除く TRIM関数を活用

BEFORE

[氏名]列にある余分な不要スペースを取り除きたい

AFTER

TRIM関数で余分な空白スペースを削除

▶ データをきれいに整えるのがマナー

　効率よくデータを入力することはもちろん大事ですが、データを美しく整えることもビジネスの現場では極めて重要です。「変なスペースが入っている」「全角と半角の表記が揺れている」などといったデータでは、正しいデータ分析ができなくなってしまいます。ここではこうしたミスを防ぐ、データを整えたいときに役立つ==TRIM関数==を紹介します。TRIM関数を使えば、各単語間のスペースを1文字ずつ残して、不要なスペースをすべて削除する作業も簡単です。なお、一度データを整えることができたら、整ってない古いデータは不要になるので削除しておきましょう。

POINT:

1 表記を統一してデータを整える

2 余分な全角スペースはTRIM関数で削除する

3 英語やカタカナは表記揺れも関数で統一

MOVIE:

https://dekiru.net/osa110

●「氏名」に含まれている全角スペースを削除する

　ここではTRIM関数を使ってスペースを削除する方法を見ていきます。次章で詳しく解説しますが、Excelの関数とは「ある処理をするためにあらかじめ用意された計算の仕組み」です。この仕組みを使うために、例えば「＝TRIM（C3）」と入力をすると、セルC3の文字列から不要なスペースを削除できます。TRIMが「不要なスペースを削除する」という命令です。

不要なスペースを削除する

　　　　　　　　トリム
　　　　　　TRIM（文字列）

指定した［文字列］から、先頭のスペースと末尾のスペースを削除する。

〈 数式の入力例 〉

＝ TRIM（**C3**）
　　　　　　❶

〈 引数の役割 〉

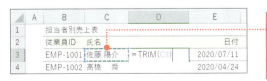

❶ 文字列
佐藤　陽介
（セルC3）

「佐藤　陽介」の文字列にある不要なスペースを削除します。

= TRIM (C3)

1 セルD3に上の数式を入力して下へコピー

氏名に含まれている全角スペースが削除された。

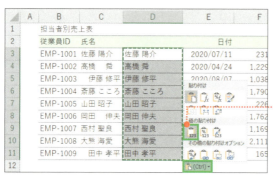

2 セルD3～D11をコピーして、そのまま貼り付け

3 [貼り付けオプション]の[値]をクリック

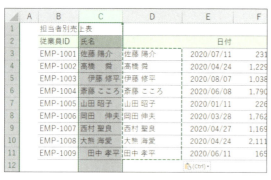

D列が値に変わったので、C列を削除しておく。

CHECK!

D列はC列を参照しているので、[数式]を[値]へ変換しないとC列を削除したときにエラーになってしまいます。

・形式を選択して貼り付け …………… P.046

▶ 英語やカタカナは表記が揺れやすい

　英語やカタカナのデータを入力するときに、全角文字と半角文字が混在して表記が統一されてないことがあります。「Employee」「EMPLOYEE」など内容は一緒なので大丈夫と思うかもしれませんが、データを抽出するときに失敗する原因になります。関数で効率よく統一しておきましょう。

[表記を統一する関数（図表1-11）]

機能	関数の書式
半角文字を全角文字に変換する	JIS（文字列）
全角文字を半角文字に変換する	ASC（文字列）
英字の小文字を大文字に変換する	UPPER（文字列）
英字の大文字を小文字に変換する	LOWER（文字列）
英単語の先頭文字だけを大文字に変換する	PROPER（文字列）

● 英語を全角大文字に変更する

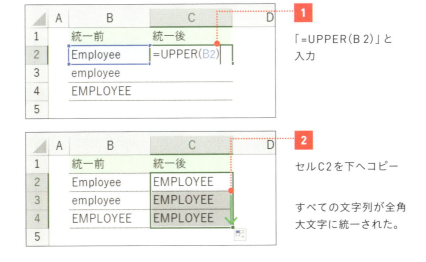

1 「=UPPER(B2)」と入力

2 セルC2を下へコピー

すべての文字列が全角大文字に統一された。

COLUMN 🔍

YouTubeは、学校教育や企業研修にも利用されています。

　皆さんはYouTubeをどのように利用していますか。私は、音楽を聴いたり、お笑いを楽しんだり、海外のクリエイターの情報番組を見たりしています。おもしろいコンテンツは全世界に口コミで広がり、何千万回、何億回といった再生回数にも上ります。まさに現代に生きる私たちにとって、なくてはならない娯楽のプラットフォーム、それが2019年のYouTubeというサービスの姿です。

　しかし、その様相が少しずつ変わってきているように感じます。その変化とは、YouTubeがただの「エンタメ動画の場」から「エンタメ教育動画の場」へと進化をしてきていることを指します。かねてより教育の分野には「エデュテインメント（Education×Entertainment）」という言葉で一般化されているジャンルがありますが、YouTubeはこの文脈を捉え「動画で楽しく学べる場」として認知されつつあるのです。これは、個人がインターネットにアクセスしてYouTubeで学ぶという体験にとどまりません。最近では、学校教育において、YouTubeの動画を用いる事例も増えています。理科の爆発実験などを動画で代替するなど、プラットフォームの新しい利用法が教育の現場から生まれています。

　この流れは、今後さらに加速していくことでしょう。学校のみならず、多くの公共機関や会社組織における動画の利用法が生まれてくるはずです。私が行う法人向けのExcel研修においても、YouTube動画を利用したリアルセミナーを実験的に行っていますが、その場で完全には理解できなかったところを、後日学びなおせるという利点もあり好評を頂いております。今後は、「YouTube×リアルの場」という二次的な動画利用がトレンドになるはずです。

　「現代の動画版図書館」と表現されるYouTubeにおいて、より多くの教育的コンテンツが増えることには大きな意味があると思います。なぜなら、誰もが学びのチャンスを得られ、人生を変えるきっかけを持つことができることを意味するからです。私も微力ではありますが、ビジネス教育の観点から、皆さまの人生にプラスの影響を与えられるクリエイターであるよう、努力していきます。

CHAPTER 2

「アウトプット」は
手作業せずに関数を使う

01 関数を武器にして アウトプットを加速させる

書式／数式／引数

▶ 関数の基本を理解しよう

　第2章〜第4章では、Excelにインプット（入力）したデータをアウトプット（加工・集計）するための機能や関数をご紹介します。とくに関数は、アウトプットを行う上で欠かせません。Excelに並んだデータの羅列を意味のある情報へと変えるために、まずは関数とは何かを理解しましょう。

　Excelの関数とは、Excel内にあらかじめ用意された数式のことを指します。==関数ごとに決められた書式に沿って条件（引数）を指定していくと、一瞬で計算結果を返してくれます。==イメージとしては、Googleの検索ボックスに「Excel　動画」と入力すると、Excelの動画に関連する結果を一瞬で表示してくれる動きと同じです。まずは代表的な関数であるIF関数を例に、関数の書式、引数、数式の関係を見ていきましょう。

▶ 関数の書式（IF関数の場合）

IF（論理式, 真の場合, 偽の場合）
関数名　引数1　　引数2　　引数3

関数の書式は、関数名と引数で成り立っている構文です。

▶ 関数の数式（IF関数の入力例）

= IF(C5>=C2,"達成","未達成")
IF関数　論理式　　真の場合　偽の場合

書式に従って、引数（計算に使用するデータ）を指定し、数式を作ります。

POINT :

1. 関数を使えば、ただのデータもお宝に変わる
2. 関数は定義された処理を実行するための「数式」
3. 「引数」とは関数を実行するためのデータ

1
セルD5に左ページの数式を入力して下へコピー

50箱以上の出荷は「達成」、そうでないときは「未達成」と表示された。

　IF関数の詳細は次のレッスンで解説します。ここでは「関数の中に書かれる条件のことを引数と呼ぶ」ということだけ覚えてください。
　Excel 2016の場合、関数は476種類あり、それぞれ書式は違いますが、すべてに共通するルールがあります。実践に入る前に確認しておきましょう。

● すべての関数に共通する記述ルール

・数式はイコール「=」で始まる（「+」でもOK！）
・半角英数字で入力する
・引数は半角のカッコ「( )」で囲む
・複数の引数はカンマ「,」で区切る
・引数が文字列の場合はダブルクォーテーション「"」で囲む

〈 数式の入力例 〉

= IF (C5 >= C2 , "達成" , "未達成")

02 条件に合わせて表示を切り替える万能IF関数

IF

FILE：Chap2-02.xlsx

実績に応じて目標の「達成」「未達成」を判定したい

	A	B	C	D	E
1	商品別出荷数				
2	目標出荷（箱）		50		
3					
4	商品		出荷（箱）	判定	
5	ふじ		63		
6	つがる		49		
7	おうりん		50		
8	ジョナゴールド		39		

IF関数を使えば、条件によって表示を変えられます。出荷が50個以上のときは「達成」、50個より小さいときは「未達成」と表示してみましょう。

▶ 条件分岐ができないと仕事にならない

「この場合は、あれをしろ」「違う場合は、これをしろ」というように、==条件を満たすかどうかで処理を変えることができる==（条件分岐ができる）のがIF関数の特徴です。「もし明日が雨だったら傘を持っていこう」というように「もし○○が××だったら〜をする」という条件分岐の考え方は、ビジネスシーンでもよく用いられます。

ここでは、りんごの出荷数が目標を超えたかどうかで「達成」「未達成」という処理に条件分岐するケースを紹介します。

POINT:

1. IF関数を使えば条件分岐できる
2. 論理式に当てはまるなら「真」、そうでないなら「偽」
3. 論理式の記号には「比較演算子」を用いる

MOVIE:

https://dekiru.net/osa202

● 目標が「達成」か「未達成」かを判定する

論理式の真偽によって返す値を変える

IF(論理式, 真の場合, 偽の場合)

引数[論理式]の条件を満たせば引数[真の場合]の値を返し、そうでなければ引数[偽の場合]の値を返す。「もし❶を満たせば❷する。そうでなければ❸する」というように、条件によってセルに表示する内容を変更する。

〈 数式の入力例 〉

= IF(C5>=$C$2, "達成", "未達成")
　　　　❶　　　　❷　　　❸

〈 引数の役割 〉

❶ 論理式
セルC5がセルC2以上

条件を満たす → ❷ 真の場合
「達成」という文字列を返す

条件を満たさない → ❸ 偽の場合
「未達成」という文字列を返す

出荷数が50個以上の場合は「達成」、そうでない場合は「未達成」と判定します。

CHAPTER 2　加工・集計に役立つ関数

=IF(C5>=$C$2,"達成","未達成")

1 セルD5に上の数式を入力

CHECK!
セルC2（目標出荷数）は固定しておきたいので「$C$2」と絶対参照にします。

2 セルD5を下へコピー

50個以上は「達成」、それ以下は「未達成」と表示できた。

理解を深めるHINT

2通りの判定ではなく3通りの判定を求めたい

この事例は2通りですが、3通りの判定もできます。例えば、50個以上のときは、「◎」、40個以上のときは「△」、それより下は「×」としたいときは以下の数式のように関数の中に関数を入れることもできます。

=IF(C5>=$C$2,"◎",IF(C5>=40,"△","×"))

1 セルD5に上の数式を入力して、下へコピー

▶ 論理式は「○○記号××」の原則で組み立てる

　IF関数が難しいなと感じるのは、条件を論理式で組み立てるのが難しいためです。これを克服するポイントは、論理式を構成する「○○記号××」の枠を意識することです。

　「セルC5がセルC2以上」を「C5>=$C$2」と組み立てたように、論理式には必ず「○○記号××」という枠が登場します。この枠は、比較する値「○○」と「××」、どう比較するかを指定する「記号」の3つのパーツによって成り立っています。何と何をどのように比較するのか、この枠に当てはめて論理式を考えていくと、自分で条件を組み立てられるようになります。

C5 >= $C$2
○○　記号　××

　ここで用いる記号は「比較演算子」と呼ばれ、Excelを使う上では次の6つを覚えるようにしましょう。

[比較演算子の使用例(条件と論理式の対応表)(図表2-01)]

条件	論理式
○○が××と等しい	○○ = ××
○○は××より大きい	○○ > ××
○○は××以上	○○ >= ××
○○は××より小さい	○○ < ××
○○は××以下	○○ <= ××
○○が××と等しくない	○○ <> ××

> 条件のパターンは上の6つが基本パターンですが、応用系として「AかつB」「AまたはB」という指定の仕方もできます。次のレッスンで詳しく見ていきましょう！

03

AND／OR

FILE：Chap2-03.xlsx

AND関数とOR関数を使って IF関数の幅を広げる

アンド
AND関数

「午前の部」かつ「午後の部」を出席している人は「TRUE」、そうでない人は「FALSE」と判断する。

オア
OR関数

「午前の部」または「午後の部」を欠席している人を「TRUE」。そうでない人は「FALSE」と判断する。

ここではAND関数とOR関数でできることを学んでから、IF関数との組み合わせを紹介していきます。

▶ **AND関数は「かつ」、OR関数は「または」条件**

　前のレッスンでは「もし○○が××だったら」といった単一条件での論理式の書き方を学びましたが、AND関数とOR関数を用いれば複数の条件を表せるようになります。具体的には「もし○○が××であり、かつ（または）、もし△△が□□だったら」というように、2つ以上の条件を一度に指定できます。なお、複数の条件の場合でも、ひとつひとつの論理式は71ページで紹介した「○○記号××」の原則を満たします。

POINT:

1. 論理式を複数条件として指定するときにAND・OR関数を用いる
2. AND関数は「❶（○○=××）かつ❷（△△=□□）」
3. OR関数は「❶（○○=××）または❷（△△=□□）」

MOVIE:

https://dekiru.net/osa203

● 1日中（午前かつ午後）参加か判定する

すべての条件が満たされているかを調べる

AND（論理式1,論理式2,…）

すべての引数[論理式]に当てはまればTRUE（真）を返し、どれか1つでも当てはまらなければFALSE（偽）を返す。引数[論理式]は255個まで指定できるため、実質無制限。

〈 数式の入力例 〉

= AND(C3="○" , D3="○")
       ❶   ❷

〈 引数の役割 〉

❶ 論理式1
午前の部が○の場合（C3="○"）

❷ 論理式2
午後の部が○の場合（D3="○"）

午前の部が「○」かつ午後の部が「○」の場合は「TRUE」、そうでない場合は「FALSE」を表示します。

= AND(C3="○",D3="○")

1 セルE3に上の数式を入力して下へコピー

1日中参加する人だけ「TRUE」と表示された。

● 半日以上（午前または午後）欠席する人を判定する

いずれかの条件が満たされているかを調べる

OR(論理式1,論理式2,…)

1つでも当てはまればTRUE（真）を返し、すべて当てはまらなければFALSE（偽）を返す。引数[論理式]は255個まで指定できるため、実質無制限。

〈 数式の入力例 〉

= OR(C3="×",D3="×")
      ❶   ❷

〈 引数の役割 〉

❶ 論理式1
午前の部が×の場合（C3="×"）

❷ 論理式2
午後の部が×の場合（D3="×"）

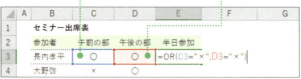

午前の部が「×」または午後の部が「×」の場合は「TRUE」、そうでない場合は「FALSE」を表示します。

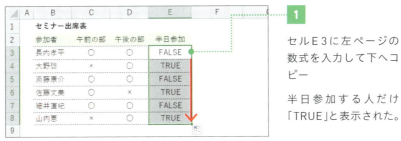

1 セルE3に左ページの数式を入力して下へコピー

半日参加する人だけ「TRUE」と表示された。

ここで紹介したAND関数とOR関数の事例は、TRUEとFALSEが全て逆になっています。これは同じ事象を別の角度から見たためです（ド・モルガンの法則）。

▶ IF関数と組み合わせてみよう

　AND関数とOR関数が、複数の条件を満たすかどうかで「TRUE」「FALSE」という値を返すことが分かりました。実は、この特徴を利用すると、IF関数の第1引数にAND関数やOR関数を組み合わせることができます。

　ここでは「午前の部」かつ「午後の部」両方に出席する人だけに、お弁当を用意するという条件分岐のロジックを組んでみましょう。IF関数とAND関数の組み合わせです。

● 1日参加には弁当を用意する

= IF (AND (C3="○", D3="○"), "弁当用意", "-")

　　　午前の部かつ午後の部に出席　　　　　　TRUE　　FALSE

1 セルE3に上の数式を入力して下へコピー

1日中参加する人だけ「弁当用意」と表示された。

04 COUNTIFS

FILE : Chap2-04.xlsx

条件に一致するデータの数を一瞬で数えるCOUNTIFS関数

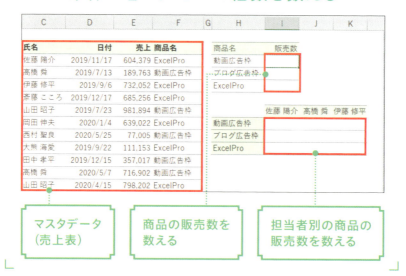

条件に合ったセルの個数を数える

- マスタデータ（売上表）
- 商品の販売数を数える
- 担当者別の商品の販売数を数える

▶ **セルの個数を数えるときはCOUNTIFS関数を使う**

　マスタデータには多くのデータが溜まっていますが、それだけではデータの特徴が分かりません。実務ではマスタデータを何かしらの目的に応じて集計しなおすのが通常です。そのような「データの個数を集計する場面」では、COUNTIFS関数を思い出してください。
　ここでは「商品販売数」や「担当者別の商品販売数」を集計してみましょう。四半期ごとにマスタデータを集計してレポートを作る人にとっては、データの転記漏れがないかをチェックするときにも使える関数です。

POINT :

1. COUNTIFS関数を使ってセルの個数を数える
2. 条件は複数あっても数えられる
3. 引数の指定は参照方法に要注意！

MOVIE :

https://dekiru.net/osa204

● 商品の販売数を求める

複数の条件に一致するデータの個数を数える

COUNTIFS(範囲1, 検索条件1, 範囲2, 検索条件2, …)

指定した引数[範囲]から引数[検索条件]を満たすセルの個数を求める。引数[範囲]と引数[検索条件]を1つの条件として、複数指定できる。

〈 数式の入力例 〉

= COUNTIFS($F$3:$F$999, H3)
　　　　　　　❶　　　　❷

〈 引数の役割 〉

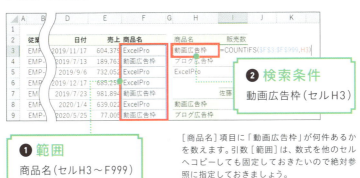

❶ 範囲
商品名(セルH3〜F999)

❷ 検索条件
動画広告枠(セルH3)

[商品名]項目に「動画広告枠」が何件あるかを数えます。引数[範囲]は、数式を他のセルへコピーしても固定しておきたいので絶対参照に指定しておきましょう。

077

= COUNTIFS($F$3:$F$999,H3)

1. セルI3に上の数式を入力して下へコピー

商品ごとの件数が求められた。

● 担当者別の販売数を求める

〈 数式の入力例 〉

= COUNTIFS($F$3:$F$999, $H8, $C$3:$C$999, I$7)
　　　　　　❶　　　　　　❷　　❸　　　　　❹

〈 引数の役割 〉

❶ 範囲1
商品名（セルF3〜F999）

❷ 検索条件1
動画広告枠（セルH8）

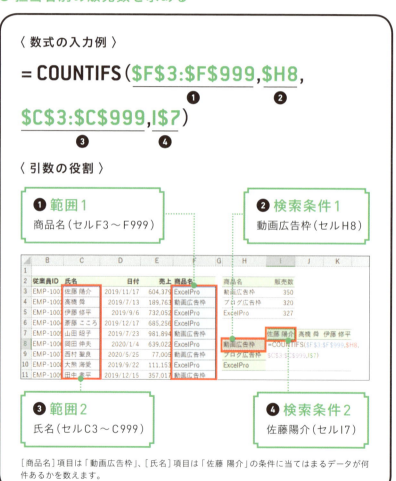

❸ 範囲2
氏名（セルC3〜C999）

❹ 検索条件2
佐藤陽介（セルI7）

［商品名］項目は「動画広告枠」、［氏名］項目は「佐藤 陽介」の条件に当てはまるデータが何件あるかを数えます。

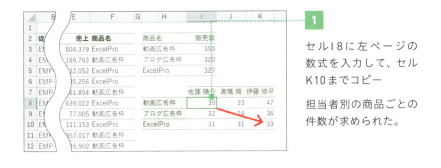

1 セルI8に左ページの数式を入力して、セルK10までコピー

担当者別の商品ごとの件数が求められた。

▶ 数式を縦にも横にもコピーしたい！

上の図面のように「商品名」と「担当者」の2軸で集計している表を<mark>マトリックス表</mark>ともいいます。この場合、数式を縦にも横にもコピーするので引数[検索条件]の参照方法に要注意です。

「商品名」は参照元を列のみコピーしたいので「$H8」、「担当者」は行のみコピーしたいので「I$7」というように参照を切り替えます。1つの数式でマトリックス表を完成できるようになりましょう。

列のみ絶対参照
セルI8に「$H8」と入力

「$」によって列が固定されているため、どのセルにコピーしても参照元はH列のままです。

行のみ絶対参照
セルI8に「I$7」と入力

「$」によって行が固定されているため、どのセルにコピーしても参照元は7行目のままです。

・複合参照 ………………………………… P.045

05

SUMIFS

FILE：Chap2-05.xlsx

条件に一致するデータの合計を瞬時に求めるSUMIFS関数

条件に合ったセルの合計を数える

- マスタデータ（売上票）
- 商品の販売金額を求める
- 担当者別の商品の販売金額を求める

▶ **セルに含まれる数値の合計といえばSUMIFS関数**

　SUMIFS関数は条件に一致するセルに含まれる数値の合計を出すときに使う関数です。ここでは「商品の販売金額」と「担当者別の商品の販売金額」を合計してみます。条件は複数指定することが可能です。SUMIFS関数はCOUNTIFS関数同様に、データ集計や分析、データの抜け漏れがないかをチェックするときに役立ちます。

　とくに数値の集計の場面が来たらSUMIFS関数を思い出してください。前のレッスン同様、指定する引数の参照方法を意識して学んでいきましょう。

POINT:

1. SUMIFS関数は条件に合ったセルの数値合計を求められる
2. 引数は、最初に[合計対象範囲]を指定する
3. 次に[条件範囲]と[条件]を指定していく

MOVIE:

https://dekiru.net/osa205

● 商品の販売金額を求める

複数の条件を指定して数値を合計する

SUMIFS(合計対象範囲,条件範囲1,条件1,…)

引数[条件範囲]と引数[検索条件]を指定して複数の条件を満たすデータを探し、検索されたデータに対応する引数[合計対象範囲]にあるデータを合計する。

〈 数式の入力例 〉

= SUMIFS($E$3:$E$999,$F$3:$F$999,H3)
　　　　　　❶　　　　　　　❷　　　　　❸

〈 引数の役割 〉

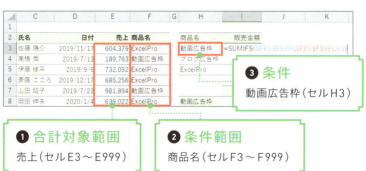

❶ 合計対象範囲
売上(セルE3〜E999)

❷ 条件範囲
商品名(セルF3〜F999)

❸ 条件
動画広告枠(セルH3)

[商品名]項目が「動画広告枠」と一致する売上の合計を求めます。

= SUMIFS($E$3:$E$999,$F$3:$F$99,H3)

1. セルI3に上の数式を入力して下へコピー

商品ごとの販売金額が求められた。

● 担当者別の商品の販売金額を求める

〈 数式の入力例 〉

= SUMIFS($E$3:$E$999, $F$3:$F$999, $H8, $C$3:$C$999, I$7)
   ❶   ❷   ❸   ❹   ❺

〈 引数の役割 〉

❶ 合計対象範囲
売上（セルE3〜E999）

❷ 条件範囲1
商品名（セルF3〜F999）

❸ 条件1
動画広告枠（セルH8）

❹ 条件範囲2
氏名（セルC3〜C999）

❺ 条件2
佐藤 陽介（セルI7）

［商品名］項目は「動画広告枠」、［氏名］項目は「佐藤 陽介」の条件に当てはまる売上の合計を求めます。

=SUMIFS($E$3:$E$999,$F$3:$F$999, $H8,$C$3:$C$999,I$7)

1

セルI8に上の数式を入力して、セルK10までコピー

担当者別の商品ごとの販売金額が求められた。

> この例のように、関数内のセル参照が多くなると頭が混乱してきますよね。やっていることは実はシンプルなので、少し分かりづらいなと思った人はぜひ動画を見て復習してみてください。

理解を深めるHINT 🔍 ≡

アンケートの集計時に役立つ！
条件に一致するデータの平均値を求める

SUMIFS関数とCOUNTIFS関数を理解できたら、条件に一致するデータの平均値を求める AVERAGEIFS関数 も覚えておきましょう。「年代・性別ごとの平均値」などデータの傾向を俯瞰するときに役立ちます。

▶ **複数の条件を指定して数値の平均を求める**

AVERAGEIFS（平均対象範囲,条件範囲1,条件1,条件範囲2,条件2,…）

引数[条件範囲]と引数[検索条件]を指定して複数の条件を満たすデータを探し、検索されたデータに対応する引数[平均対象範囲]にある数値の平均値を求める。

06 ROUNDDOWN

FILE : Chap2-06.xlsx

金額の端数処理には ROUNDDOWN関数がマスト

▶ 現場では、四捨五入ではなく切り捨てが最重要！

　日本円での取引金額に小数点が付くことはありえません。そこで、小数点以下を切り捨てできる関数の出番です。切り上げや四捨五入ではなく<mark>切り捨て</mark>を用いるのは、実務での利用シーンが最も多いからです。具体的には、消費税に関する端数処理の場面、つまり請求書の発行や税務申告を行う際に役立ちます（国税庁のルールでは、<mark>消費税の課税により発生した1円未満の端数に関しては、すべて切り捨て</mark>と定められています）。自社が請求書を発行する際には、このルールを適用したフォーマットを作りましょう。

POINT:

1. 数値を切り捨てたいときはROUNDDOWN関数
2. 消費税に関する端数処理（請求書や税務申告）は切り捨てがルール
3. 切り捨ての位置は、引数[桁数]で指定

MOVIE:

https://dekiru.net/osa206

● 1円未満の端数を切り捨てる

指定した桁数で切り捨てる

ROUNDOWN（数値, 桁数）

引数[数値]を引数[桁数]で切り捨てた結果を求める。

〈 数式の入力例 〉

= ROUNDDOWN(E7*(1+E8),0)
         ❶   ❷

〈 引数の役割 〉

❶ **数値**
合計金額×消費税（E7*(1+E8)）

❷ **桁数**
1円未満の端数（0）

「E7*1.08」のように固定値でも税率を指定できますが、セル参照で指定した方が、のちに税率が変わるなどした場合に、メンテナンスしやすく実務向きです。

[引数［桁数］の指定を理解しよう（図表2-03）]

「1,234.56」の場合

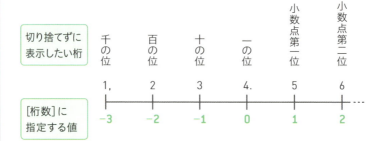

ここでは、小数点以下を切り捨てたいので引数［桁数］に「0」を指定しました。小数点を切り捨てる場合は「正の値」、整数部分を切り捨てる場合は「負の値」を指定します。混合しやすいので気を付けましょう。

= ROUNDDOWN(E7*(1+E8),0)

1 セルE9に上の数式を入力

2 ［ホーム］タブの［小数点以下の表示桁数を増やす］をクリック

消費税を計算したときの端数を切り捨てできた。

▶ 四捨五入や切り上げも関数で処理できる

必要に応じてROUND関数とROUNDUP関数も使えるようにしておきましょう。引数の指定方法は、ROUNDDOWN関数と同じです。最後に、元データが同じ「1,234.56」の場合に、それぞれの関数がどのような値を返すのかまとめました。図表2-03と照らし合わせながら確認してみてください。

● 指定した桁数で四捨五入する

ROUND（数値,桁数）

引数[数値]に四捨五入する数値を指定し、引数[桁数]には四捨五入する桁を正／負の数、または「0」で指定する。

● 指定した桁数で切り上げる

ROUNDUP（数値,桁数）

引数[数値]に切り上げる数値を指定し、引数[桁数]には切り上げる桁を正／負の数、または「0」で指定する。

元データ	桁数	ROUND	ROUNDUP	ROUNDDOWN
1,234.56	-3	1,000	2,000	1,000
1,234.56	-2	1,200	1,300	1,200
1,234.56	-1	1,230	1,240	1,230
1,234.56	0	1,235	1,235	1,234
1,234.56	1	1,234.6	1,234.6	1,234.5
1,234.56	2	1,234.56	1,234.56	1,234.56

会計基準の変更や税制改正等により、実務では柔軟にExcelの計算ロジックを変えていく必要があります。消費税率の変更時にはとくに注意するようにしましょう。

COLUMN 🔍

1本の動画ができるまで〜
Excel動画の制作の裏側。

　ここでは、YouTubeを使って私がどのようにExcel動画を配信しているか、という制作の裏側をご紹介します。5分程度の動画を1本つくるのに、どれくらいの時間がかかると思いますか？　答えは、約5時間。動画の尺が1分伸びるごとに、制作時間が1時間伸びるイメージです。機能や関数をどこまで詳しく説明するかによって時間は前後しますが、全体を通してテンポのある動画に仕上げています。視聴者はビジネスパーソンとしてご活躍される方々が多いため、結論ファーストで欲しい情報がサクッと手に入る構成を心掛けています。

　「おさとエクセル」には3つのこだわりがあります。それは、分かりやすい、親しみやすい、役に立つ、という要件を押さえた動画に仕上げることです。これを実現するためには、収録前の準備が欠かせません。企画や構成を考えることに、何よりも力を入れています。例えば、VLOOKUP関数の使い方を教えるというテーマを決めた際に、まずは世の中に出回るVLOOKUP関数の情報を徹底的に研究します。ウェブの記事はもちろん、あらゆるExcel本の伝え方や事例を参考にしています。その際、日本語よりも、英語の方が情報が充実しているため、海外のプレイヤーを参考にするとより良いものができあがります。企画ができあがれば、あとはトークスクリプト（台本）を頭の中で整理し、撮影をしながら改善していきます。

　撮影は、Excelの画面を収録しながら、自分の顔を別のカメラで収録するのが私のスタイルです。それが終われば編集作業に入り、余計な息継ぎシーンをカットしたり、Excelの画面に動きをつけて視聴者が飽きないように工夫をします。こうして1本の動画が完成し、YouTubeを通じて皆さんのもとにコンテンツを届けているのです。

動画を撮影＆編集している自宅の一室。

CHAPTER 3

現場で
「VLOOKUP関数」を
とことん使い倒す

01 VLOOKUPとは

業務を自動化する VLOOKUP関数を極めよ

▶ VLOOKUP関数は現場の最重要関数！

VLOOKUP関数は、インプット、アウトプット、シェアを横断的にまたいで活躍する関数です。セルを参照するためのシンプルな関数ですが、Excelのエッセンスが集約されています。この章では、VLOOKUP関数を用いた応用事例を通じて、データの入力を容易にする方法やデータ集計を効果的に行う方法、データ共有を分かりやすく進める方法を解説していきます。

［ VLOOKUP関数はすべての作業フローで使える（図表3-01）］

▶ VLOOKUP関数は垂直に調べる関数

「Vertical（垂直に）Lookup（調べる）」の略であるVLOOKUP関数の動きを理解するために、実際に「垂直に調べる」を体験してみましょう。本書の203ページにある索引をご覧ください。索引には、本書で紹介する機能や関数が50音順に並んでいて、その掲載ページを調べられます。では、この中から「並べ替え」が何ページ目にあるかを調べてください。

POINT：

1. VLOOKUP関数は、垂直に調べることができる
2. インデックス（索引）からページ数を検索する作業と同じ
3. 垂直に調べる動作は、実務で頻繁に発生する

　皆さんはどのように探したでしょうか。上から順番に、ア→カ→サ→タ→ナと探し「並べ替え」を見つけたはずです。そして、その行に書かれているページ番号を参照したことでしょう。これが「垂直に調べる」ということです。縦に長いマスタデータを抱えるビジネスの現場では、この「垂直に調べる」という動作が何度も何度も発生するのです。

● キーワードからページを探す（本の場合）

● 商品名から単価を探す（Excelの場合）

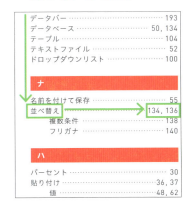

「縦に調べて、見つかったら横のデータの、あるデータを取り出す」これがVLOOKUP関数の動きです。使いこなせると業務を飛躍的に効率化できます。それでは、一緒にがんばっていきましょう！

02 VLOOKUPの基本

FILE：Chap3-02.xlsx

VLOOKUP関数を3ステップでマスター！

商品名を入力するだけで、仕入値も自動転記！

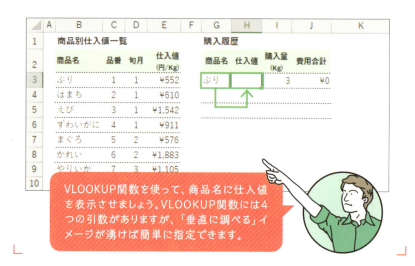

VLOOKUP関数を使って、商品名に仕入値を表示させましょう。VLOOKUP関数には4つの引数がありますが、「垂直に調べる」イメージが湧けば簡単に指定できます。

▶ VLOOKUP関数の数式は簡単に組み立てられる

　VLOOKUP関数は3ステップで攻略できます。ポイントは「❶何を調べるか（検索値）」「❷どこを調べるか（範囲）」「❸見つかったなら何列目を抽出するか（列番号）」をExcelに教えてあげることです。

　垂直に調べるためには、これら3つの要素が最低限必要になるため、それぞれを引数に指定します。実をいうと第4の引数［検索の型］があるのですが、これについては112ページで詳しく解説します。ここではまず、基本の3ステップを理解しておきましょう。

POINT :

1. 第1引数に、何を調べたいか（検索値）を設定する
2. 第2引数に、どこから調べたいか（範囲）を設定する
3. 第3引数に、何列目を抽出するか（列番号）を設定する

MOVIE :

https://dekiru.net/osa302

▶ 商品名に対応する単価を表示したい

範囲を垂直（縦方向）に検索する

VLOOKUP（検索値, 範囲, 列番号, 検索の型）
（ブイルックアップ）

引数［範囲］の先頭列を縦方向に検索し、引数［検索値］に一致する値を調べる。その値のセルと同じ行で、指定した引数［列番号］に当たるセルの値を取り出す。引数［検索の型］は、調べる値が完全一致の場合は「0」、近似一致の場合は「1」を指定。

〈 数式の入力例 〉

= VLOOKUP（ G3 , $B$2:$E$27 , 4 , 0 ）
　　　　　　❶　　　❷　　　　❸　❹

〈 引数の役割 〉

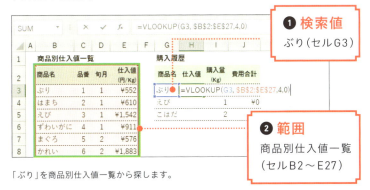

❶ 検索値
ぶり（セルG3）

❷ 範囲
商品別仕入値一覧
（セルB2～E27）

「ぶり」を商品別仕入値一覧から探します。

❸ **列番号**
仕入値の列
（4列目）

「ぶり」が見つかったら、そこから4列目の値を抽出します。

❹ **検索の型**
「0」または「FALSE」と指定

完全一致
FALSE (0)

「完全一致」＝[検索値]に一致する値のみを検索。

近似一致
TRUE (1)

「近似一致」＝一致する値がないときには、[検索値]未満の最大値を検索。

「ぶり」と完全一致する値だけを検索したいので「0」を指定しました。実をいうと、ビジネスの現場では「0」（FALSE）と指定することがほとんどです。「1」（TRUE）の使い方については112ページで解説します。

= VLOOKUP (G3,$B$2:$E$27,4,0)

1 セルH3に上の数式を入力

CHECK!
引数[範囲]は、コピーしても参照元を固定したいので絶対参照にしておきましょう。

セルH3を下へコピー

「ぶり」「えび」「こはだ」の仕入値が自動的に表示された。

> 一度H列にVLOOKUP関数を設定できれば、あとはマスタデータを都度更新すればOKです。以降、H列の仕入値は自動的に更新されます。

理解を深めるHINT

入力した数式を確認してみよう

VLOOKUP関数にまだ慣れない人は、数式をコピーした後に数式を確認してみましょう。[数式]タブの[ワークシート分析]グループの[数式の表示]ボタンをクリックすると数式を確認できます。ショートカットキーの場合は、Ctrl + Shift + @ キーを押しましょう。

Ctrl + Shift + @ キーを押して数式を確認

03 IFERROR

FILE：Chap3-03.xlsx

エラー値が表示された資料は美しくない

- セルG3に間違った商品名を入力
- VLOOKUP関数の結果がエラーになってしまう
- 「商品名が違います」と表示された

商品名の一覧に「えび」は合っても「海老」は存在しなかったので、VLOOKUP関数がエラーになってしまいました……。

▶ **エラー値を見せない資料を作ろう！**

　VLOOKUP関数は、垂直に調べることを通じて、他のセルの値を参照してくれる関数です。しかし、そもそも調べたいデータ（検索値）が指定した範囲に存在しなかったらどうなるでしょうか。上のNG画面のようにエラー値「#N/A」が返されます。エラー値が書かれたシートは、決して見やすい資料とはいえないので、社外や上司に見せられません。エラー値が返される場合は、VLOOKUP関数に **IFERROR関数** を組み合わせて、エラーであることが具体的に分かる文言を表示したり、空白セルに置き換えたりしてください。

POINT :

1 VLOOKUP関数は引数［検索値］が見つからないとエラー値に！

2 エラー値を別の値に置き換えたいときは、IFERROR関数を用いる

3 社外向けの資料はエラー値を隠そう

MOVIE :

https://dekiru.net/osa303

● VLOOKUP関数のエラーを対処する

エラーの場合に返す値を指定する

IFERROR（計算式, エラーの場合の値）
　　　　イフエラー

引数［計算式］が正しく計算できる場合は計算結果を返し、できない場合は引数［エラーの場合の値］を返す。

〈 数式の入力例 〉

= IFERROR (VLOOKUP(G3,$B$2:$E$27,4,0),
　　　　　　　　　　　❶
"商品名が違います")
　　　　❷

〈 引数の役割 〉

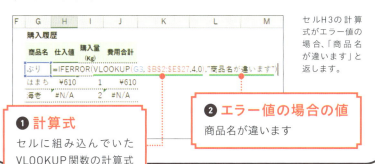

セルH3の計算式がエラー値の場合、「商品名が違います」と返します。

❶ **計算式**
セルに組み込んでいたVLOOKUP関数の計算式

❷ **エラー値の場合の値**
商品名が違います

=IFERROR(VLOOKUP(G3, $B$2:$E$27,4,0),"商品名が違います")

1 セルH3に上の数式を入力して下へコピー

CHECK!
「商品名が違います」は、文字列なのでダブルクォーテーション（"）で囲みましょう。

● 合計値のエラーを対処する

　セルJ5の中には「=H5*I3」という数式が入っていますが、エラー値であるセルH5を参照しているので、セルJ5も連動してエラー値「#VALUE!」が表示されます。IFERROR関数を使って、エラー値を空白のセルに変えてみましょう。

　空白のセルは、文字列を何も表示しないという意味なので、[エラーの場合の値]に「""」を指定するのがポイントです。

=IFERROR(H3*I3,"")

「空白のセル」を意味する

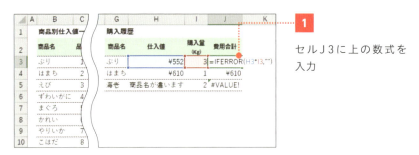

1 セルJ3に上の数式を入力

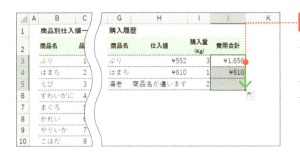

セルJ3を下へコピー

セルJ5に空白のセルが表示された。

エラー値には色んな種類があって、それに伴い原因が違います。エラーの原因を知りたいときは下の表を参考にしてください。

[エラー値とその原因（図表3-02）]

エラー値	原因
#VALUE!	引数に間違ったデータを指定している
#DIV/0！	数式で、0による除算が行われている
#NAME?	関数名が間違っている。数式中の文字列をダブルクォーテーション(")で囲んでいない。セル範囲の参照にコロン(:)を入力し忘れている
#N/A	検索関数で検索値が見つからない
#REF!	数式で参照しているセルが削除されている
#NUM!	Excelで処理できる数値の範囲を超えている。引数に数値を指定する関数に不適切な値を使っている
#NULL!	「B2:B10 C2」のように正しくない演算子が使われている
####	セル幅より長い数値や日付、時刻が入力されている

04 リスト

FILE：Chap3-04.xlsx

入力不要の「選択リスト」でさらに効率化

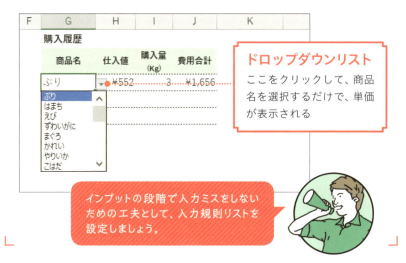

商品名を入力せずにリストから選択

ドロップダウンリスト
ここをクリックして、商品名を選択するだけで、単価が表示される

インプットの段階で入力ミスをしないための工夫として、入力規則リストを設定しましょう。

▶ 引数［検索値］のセルにはリストを仕込んでおく

　ここではVLOOKUP関数と合わせて覚えたい<mark>リスト機能</mark>をご紹介します。第3章のレッスン3でも書きましたが、間違った引数［検索値］を入力するとエラー値が返されます。商品名など選択肢が限られているものは、リストを作成しましょう。

　［データの入力規則］ダイアログボックスからリストを設定します。<mark>引数［検索値］の候補をドロップダウンリストから選べるようにする</mark>ことで、入力ミスを減らす仕組みが作れます。

POINT :

1. リストは引数[検索値]の誤入力を防ぐ機能である
2. ドロップダウンリストから項目を選択するだけで入力できる
3. チームの誰が操作しても同じ結果になり、生産性が上がる

MOVIE :

https://dekiru.net/osa304

● リストから商品名を設定する

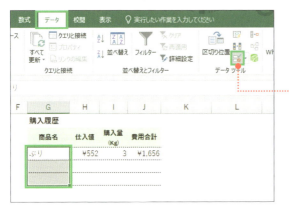

1

セルG3～G5をクリックして選択

2

[データ]タブの[データツール]グループの[データの入力規則]をクリック

3

ここをクリックして[リスト]を選択

4

[元の値]のここをクリック

5
セルB3をクリックして Ctrl + Shift + ↓ キーを押す

商品名のデータがある末尾まで選択できた。

6
ここをクリック

リストの項目を選択できた。

7
［OK］をクリック

セルG3～G5にリストを設定できた。ドロップダウンリストをクリックすると、商品名が表示された。

理解を深めるHINT

複数データはショートカットキーで選択！

何十行や何百行もある表で、先頭行から最終行までスクロールして選択するのは大変です。そんなときは前ページの手順5のようにショートカットキーを使いましょう。Ctrl + Shift + 方向キーを押すと、データの先頭から末尾まで正確に選択できます。また Ctrl を押さずに Shift + 方向キーを押すと、複数のセル範囲を選択できます。

● データがある末尾まで選択する

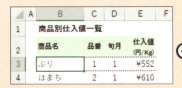

セルB3をクリックして Ctrl + Shift + → キーを押す。

データがある末尾まで選択できた。

● 複数のセル範囲を選択する

Shift + → キーを押す

セルB3をクリックして Shift + → キーを押す。

右隣のセルが選択できた。さらに Shift キー + 方向キーを押すと選択範囲が広げられる。

05 テーブル／構造化参照

FILE：Chap3-05.xlsx

テーブルの活用でデータの増減に自動対応

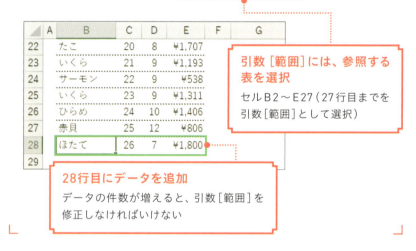

▶ 随時追加されるデータを自動的に計算の対象にする

　データの件数が増えることはよくありますが、その度に、VLOOKUP関数の数式を修正していくことは手間です。これを解決するために、参照元の表をあらかじめテーブルに変換しておきましょう。データベース形式の表をフル活用するための機能であり、データが増減しても自動的に範囲を拡張してくれます。なお、テーブル内のセルを使って数式を組むと、構造化参照という通常のセル参照とは異なる参照方法になりますが、操作は直感的にできるためご安心ください。ここではテーブルに変換する方法を紹介します。

POINT :

1. データ件数が増加すると数式のメンテナンスが面倒
2. 参照する表をテーブルに変換する
3. 構造化参照でVLOOKUP関数の修正が不要になる

MOVIE :

https://dekiru.net/osa305

● 表をテーブルに変換する

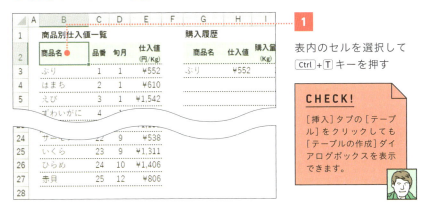

1 表内のセルを選択して Ctrl + T キーを押す

CHECK!
[挿入]タブの[テーブル]をクリックしても[テーブルの作成]ダイアログボックスを表示できます。

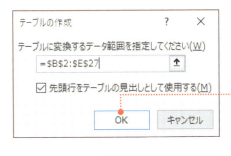

選択されている範囲が正しいことを確認。正しい範囲が選択されていない場合は、セルをドラッグして正しい範囲を選択し直す。

2 [OK]をクリック

自動的に範囲が正しく選択されない場合は、その表がデータベース形式の表の基本要件を満たしていません。次のレッスンを参考にまずは表の体裁を整えましょう。

・データベースの概念 …………… P.050

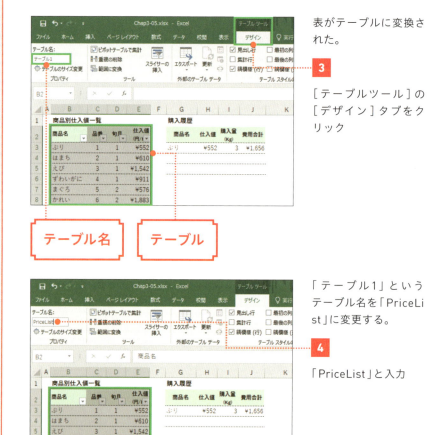

表がテーブルに変換された。

3 [テーブルツール]の[デザイン]タブをクリック

「テーブル1」というテーブル名を「PriceList」に変更する。

4 「PriceList」と入力

● 構造化参照を使って数式入力する

　参照元となる「商品別仕入値一覧」をテーブルに変換できたら、テーブル名を確認しましょう。テーブル名は自動的に付与されますが、英語の名前に変えるのが原則です。こうしておけば、数式の入力時にオートコンプリート（自動入力の）候補にあがるなどのメリットが生まれます（詳しくは動画で！）。その後、VLOOKUP関数の引数[範囲]をテーブル名に書き換えます。ここでは「=VLOOKUP(H3,PriceList,4,0)」と修正しました。これが「構造化参照」の一例です。

=VLOOKUP(H3,PriceList,4,0)
検索値　　範囲　　列番号　検索の型

1 セルH3に上の数式を入力

● データの追加に対応できるか確認

28行目に新しいデータを追加する。

1 セルB28～E28に「ほたて」「26」「7」「1800」と入力

2 ここをクリックして「ほたて」を選択

CHECK!
テーブルを設定すると、リストの一覧も自動的に更新されました。

「ほたて」の単価が自動表示された。数式を修正しないでも、自動的に引数[範囲]が拡張されている。

06 COLUMN

FILE：Chap3-06.xlsx

引数［列番号］を修正する ひと手間を省く

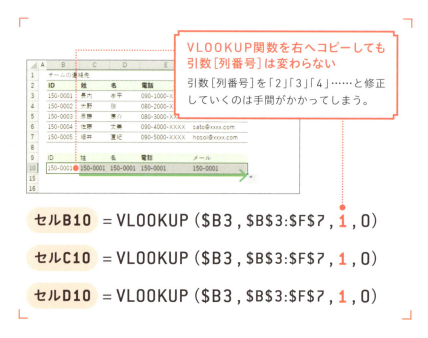

VLOOKUP関数を右へコピーしても引数［列番号］は変わらない
引数［列番号］を「2」「3」「4」……と修正していくのは手間がかかってしまう。

セルB10　= VLOOKUP ($B3, $B$3:$F$7, 1, 0)

セルC10　= VLOOKUP ($B3, $B$3:$F$7, 1, 0)

セルD10　= VLOOKUP ($B3, $B$3:$F$7, 1, 0)

▶ 引数［列番号］にCOLUMN関数を組み込む

　さて続いては、引数［列番号］に組み込みたいテクニックをご紹介します。通常、実務でセルにVLOOKUP関数を使うときは、数式を入力したセルを縦横にコピーして使い回します。しかし、引数［列番号］が「1」や「2」のようなベタ打ちの固定値だと、いちいち数式を修正しなければなりません。ポイントは固定値ではなく、指定したセルの列番号を教えてくれるCOLUMN関数を使うことです。これによって、参照元の行や列が削除されても、自動的に引数［列番号］の値が対応するのでメンテナンス性も向上します。

POINT :

1 | 引数[列番号]を1つずつ修正するのは面倒
2 | VLOOKUP関数に、列数を数えるCOLUMN関数を組み合わせる
3 | 参照元の行列が削除されても修正不要

MOVIE :

https://dekiru.net/osa306

● 選択範囲に含まれる列番号の数を数える

COLUMN関数は、指定した参照元が何列目にいるかを数えてくれます。VLOOKUP関数に組み込む前に、COLUMN関数をどのように使えば、列番号が求められるかを見ていきましょう。

セルの列番号を求める

COLUMN(参照)

引数[参照]で指定したセルの列番号を求める。列番号はワークシートの先頭の列を1として数えた値である。

〈 数式の入力例 〉

= COLUMN(B2)
           ❶

〈 引数の役割 〉

❶ 参照
セルB2

上の数式を入力するとセルB2は2列目なので「2」と返される。

引数[列番号]を求める

= COLUMN(B$2) - COLUMN($A$2)
　　「2」と返される　　　　「1」と返される

> 表の先頭であるB列を「1」としたいので「B列(2)-A列(1)」として、列番号を求める。

> セルA2を基準にして数えたいので、「$A$2」と絶対参照で指定しましょう。

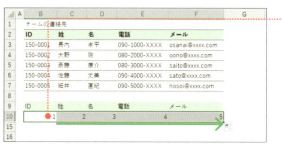

1 上の数式を入力して右へコピー

セルB10に「1」、セルC11から右方向に「2」「3」「4」「5」と列番号が表示される。

● COLUMN関数で引数[列番号]を自動で計算

　上の結果のようにCOLUMN関数を使えば、引数[列番号]に入れたい列番号が返されました。ここまで理解できたら、VLOOKUP関数の引数[列番号]にCOLUMN関数を組み合わせていきましょう。

```
=VLOOKUP($B3,$B$3:$F$7,
COLUMN(B$2)-COLUMN($A$2),0)
```

1 セルB10に上の数式を入力

2 セルB10をセルF14までコピー

引数［列番号］が自動で計算されているので、数式の修正は不要でコピーできた。

理解を深めるHINT

指定したセルの行番号を教えるROW関数

COLUMN関数はセルの列番号を数える関数ですが、同様に、セルの行番号を数える関数も存在します。それが **ROW関数** です。COLUMN関数と同じ要領で行番号を求められます。

▶ セルの行番号を求める

$$\text{ROW(参照)}$$

引数［参照］で指定したセルの行番号を求める。行番号はワークシートの先頭の行を1として数えた値。

07 近似一致

FILE：Chap3-07.xlsx

「〜以上〜未満」の検索は近似一致であるTRUE（1）で！

▶ 一致する値がなくても表を参照できる

　ここまでVLOOKUP関数の引数［検索方法］は、完全一致であるFALSE（0）を指定する前提で、解説してきました。今回はさらなるレベルアップを目指すために、近似一致であるTRUE（1）を指定する事例を紹介します。完全一致は、引数［検索値］と同じデータしか検索できませんが、近似一致は、一致する値がなくても、最も近い値（検索値未満の近似値）を検索します。上の画面のように、岡野さんの4月の売上である「200」に対応する歩合給が表になくても、歩合給決定表を使って岡野さんの歩合給を検索できます。

POINT :

1. VLOOKUP関数の引数[検索の型]は2種類ある
2. 引数[検索値]を完全に一致させたいときは「0」を指定する
3. 引数[検索値]に最も近い値を検索したいときは「1」を指定する

MOVIE :

https://dekiru.net/osa307

▶ 引数[検索の型]をシーンによって使い分ける

実務ではどんなときに引数[検索の型]で近似一致を指定するか、完全一致と比較しながら見ていきましょう。

● 完全一致と近似一致の違いを知る

VLOOKUP (検索値, 範囲, 列番号, 検索の型)

完全一致
FALSE (0)

「晴」「雨」「雲」などの固有名詞を使って同じ値を検索したいときは、完全一致。

近似一致
TRUE (1)

「13Kg」のように「〜以上〜未満」という範囲を持つ数値で検索したいときは、近似一致。

実務の9割は完全一致(FALSE)です。近似一致(TRUE)は、頭の片隅においておきましょう。

● 4月の売上から歩合給を求める

〈 数式の入力例 〉

= VLOOKUP (C4 , $H$4:$J$9 , 3 , 1)
　　　　　　❶　　❷　　　❸　❹

〈 引数の役割 〉

❶ 検索値
4月の売上(セルC4)

❷ 範囲
評価基準の一覧(セルH4〜J9)

❸ 列番号
歩合給の列(3)

❹ 検索方法
近似一致(1)

4月の売上を基準額から探します。一致する値が見つかったら、そこから3列目の歩合給を抽出します。売上と完全一致する基準額がなくても、最も近い値(検索値未満の近似値)を検索値として抽出します。

(例)
・売上が「200」の場合→基準額「100」を検索し、歩合給「50」を抽出
・売上が「300,000」の場合→基準額「100,000」を検索し、歩合給「50,000」を抽出

=VLOOKUP(C4,$H$4:$J$9,3,1)

1 セルE4に上の数式を入力して下へコピー

近似一致で歩合給が求められた。

🔍 理解を深めるHINT

近似一致で検索するときの注意点

近似一致は、引数［検索値］と一致する値がなくても、引数［検索値］より小さい値かつ、最も近い値を探してくれます。そのため基準額を昇順に並べておく必要があります。規則性がない並びや降順になってないか確認しましょう。
また、引数［検索値］が「-300」のようにマイナスの場合もそれより小さい値がないのでエラーになってしまいます。近似一致で計算するとき、以上の注意点を気にかけておきましょう。

基準額より小さい値はエラーが返ってくる

基準額は昇順（小→大）に並べる

08 別シートにあるマスタデータを参照する

別シートの参照

FILE : Chap3-08.xlsx

参照元のマスタデータは同じシートに置かない

集計表の6行目に新規行を追加

マスタデータにも行が追加された

	A	B	C	D	E	F	G	H	I	J
1										
2		給与表 (5月分)					歩合給決定表			
3		担当	4月の売上表	固定給	歩合給	5月給与		基準額	評価	歩合給
4		長内	0	100,000	0	100,000		0	F	0
5		岡野	200	100,000	50	100,050		100	E	50
6										
7		小川	300,000	100,000	50,000	150,000		1,000	D	500
8		藤田	240,000	100,000	50,000	150,000		10,000	C	5,000
9		秋山	180,000	100,000	50,000	150,000		100,000	B	50,000
10		山田	1,500	100,000	500	100,500		1,000,000	A	500,000
11										

「給与表」に行を追加したら「歩合給決定表」にも行が追加され、メンテナンスが面倒になってしまいます。VLOOKUP関数がエラーになってしまうことも！

▶ 参照元のデータをどこに配置するか

　VLOOKUP関数を実務で使うときに悩むポイントの1つに、==第2の引数[範囲]をどこから参照してくるか==、があります。答えは、==同じブック内の別シート==です。理由は、最もエラーになりにくく、メンテナンスしやすいからです。同じシートで管理していると、データの増減で行・列を追加すると、表が崩れてしまいます。また、他のブックから参照することもできますが、そのブックを削除してしまうとリンクが切れてエラーになります。そのため「同一ブック内の別シート」から参照するのが一番なのです。

POINT :

1. 集計表とマスタデータは同じシートに置くべからず
2. 同じブックの別シートで、参照元のデータを管理するのが定石
3. データの修正などメンテナンスもしやすく、エラーを防げる

MOVIE :

https://dekiru.net/osa308

● 参照元のデータは別シートで管理

[給与表]シートの集計表
給与表（5月分）

[Vtable]シートのマスタデータ
歩合給決定表

CHECK!
集計表とマスタデータはシートを分けて管理しましょう。集計表に行・列を追加しても参照元のデータには影響が生じません。

● 別シートのデータを参照する

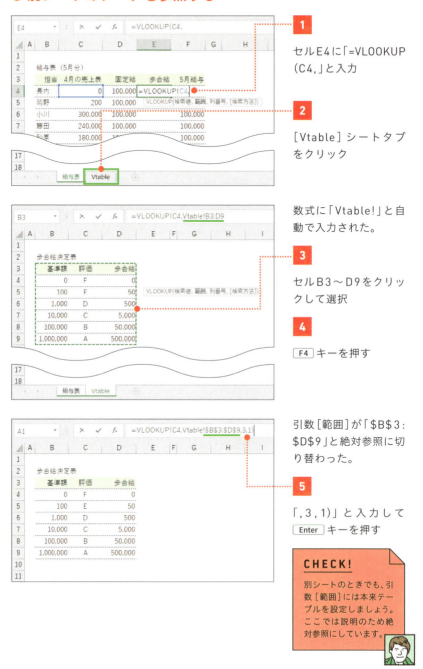

6 セルE4を下へコピー

別シート参照で歩合給が求められた。

= VLOOKUP (C4 , <u>Vtable!$B$3:$D$9</u> , 3 , 1)
　　　　　　　　　(シート名)!(セル範囲)

同じシート内の参照と違って、シート別の参照は「(シート名)!」が付きました。それ以外は参照場所が違っても数式の考え方は同じです。

理解を深めるHINT

他のブックのデータを参照するには

他のブックにあるデータを参照するのは管理が大変なのでおすすめしていませんが、参照方法は同じブックの別シート参照と同じです。引数[範囲]を指定するときに、他のブックにある参照したい範囲をドラッグします。同じブックの別シート参照との違いは、最初から絶対参照になっているので、相対参照から切り替える必要がないという点です。例えば「Book1.xlsx」の[Sheet1]シートから参照した場合は以下の引数となります。

= VLOOKUP (C4 , <u>[Book1]Sheet1!$B$3:$D$9</u> , 3 , 1)
　　　　　　　　　[(ブック名)](シート名)!(セル範囲)

09 複雑なIDの一部を引数[検索値]にしよう

LEFT／RIGHT／MID／FIND

FILE：Chap3-09.xlsx

引数[検索値]をそのまま利用できない……

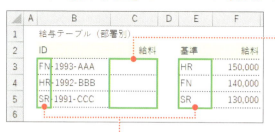

部署別の給与を求めたい

IDが「FN-****-****」のときは、基準「FN」を検索して「140,000」を抽出したい。

[基準]列に合わせて、ID列の頭文字2文字を引数[検索値]としたい

ビジネスの現場では、引数[検索値]がそのまま利用できないことがよくあります。こんなときも、関数を組み合わせれば解決できますよ。

▶ 頭文字2文字だけを取り出したい

　実務では、あるセルに入力されている値をそのまま引数[検索値]として利用できないケースが多々あります。具体的には、上の図のように「FN-1993-AAA」のように連なっている文字列の「FN」だけを引数[検索値]に指定したい場合です。この場合、参照元のマスタデータを整えにいくか、VLOOKUP関数の中でなんとかするかの2つの対処法が考えられます。今回は、社内権限的にマスタデータを触れない場合を想定して、==文字列操作関数==を使って、関数の中でなんとかするという後者の発想を学びましょう。

POINT:

1. 頭文字から2文字目までを引数[検索値]として使いたい
2. マスタデータを整えるか、関数の中で整えるかの対処法がある
3. 関数で整えるなら、文字列操作関数を使いこなすのが鍵

MOVIE:

https://dekiru.net/osa309

▶ 解決の糸口は文字列操作関数にある

セル内のデータから一部の文字を取り出したいときは、文字列操作関数を使います。VLOOKUP関数に組み合わせる前に、文字列操作関数でどんな種類があって何ができるかを見ていきましょう。

● 左端から何文字か取り出す

$$\text{LEFT}(文字列, 文字数)$$

引数[文字列]の左端から引数[文字数]分の文字列を取り出す。

● 右端から何文字か取り出す

$$\text{RIGHT}(文字列, 文字数)$$

引数[文字列]の右端から引数[文字数]分の文字列を取り出す。

● 指定した位置から何文字かを取り出す

$$\text{MID}(文字列, 開始位置, 文字数)$$

引数[文字列]の引数[開始位置]から引数[文字数]分の文字列を取り出す。

	A	B	C	D
1				
2		ID	数式	結果
3		FN-1993-AAA	=LEFT(B3,2)	FN
4		FN-1993-AAA	=RIGHT(B4,3)	AAA
5		FN-1993-AAA	=MID(B5,4,4)	1993
6				

LEFT関数を使って左端から2文字だけ取り出せば、「FN」だけを抽出できる。

● IDから部署別の給与を求めたい

それでは、本題である「IDの頭文字2文字と部署名が一致する給与」を調べていきます。VLOOKUP関数の引数［検索値］にLEFT関数をネストして計算してみましょう。

=VLOOKUP(LEFT(B3,2),$E$2:$F$5, 2,0)

IDの頭文字2文字が取り出される

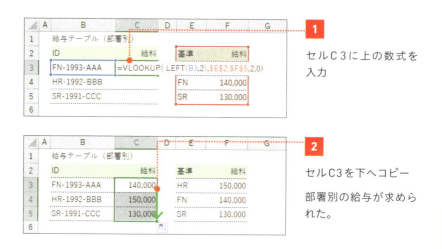

1 セルC3に上の数式を入力

2 セルC3を下へコピー
部署別の給与が求められた。

▶ FIND関数をマスターして文字列の位置を知る

ここではさらに応用技を紹介します。「A-1993-AAA」「BC-1992-BBB」「DEF-1993-CCC」といった文字列から、中央にある4桁の数値を抽出したいとしましょう。

この場合は121ページで紹介した **MID関数** を指定します。しかし引数［開始位置］はデータによって異なります。

このような場合は、文字列の位置を調べてくれる **FIND関数** を組み合わせて使いましょう。4桁の数値の前にある「-」の位置をFIND関数で調べて、抽出したい数値の開始位置を調べます。

● 文字列の位置を調べる

FIND(検索文字列 , 対象 , 開始位置)

引数[検索文字列]が引数[対象]の文字列の中で先頭から何文字目にあるかを調べる。引数[開始位置]は省略してもよく、省略した場合は「1」と見なされる。

● 何文字目に1個目の「-」があるか調べる

= FIND("-", B3)

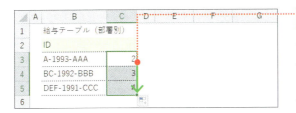

セルC3に上の数式を入力して下へコピー

1個目の「-」がある位置が表示された。

● MID関数と組み合わせて特定の文字列を抽出

= MID(B3 , FIND("-", B3)+1 , 4)
　　　　文字列　　　開始位置　　　文字数

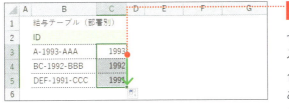

セルC3に上の数式を入力して下へコピー

1個目の「-」の後ろにある4文字が取り出された。

MID関数の引数[開始位置]を「FIND("-",B3)+1」として1を足しているのがポイントです。

10

COUNTIF

FILE：Chap3-10.xlsx

重複するデータを
ユニークなものに置き換える

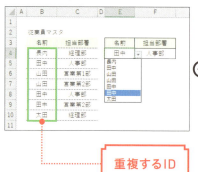

重複するID

「田中」が3人いる場合、引数［検索値］が重複しているためVLOOKUP関数で思い通りに抽出できない。

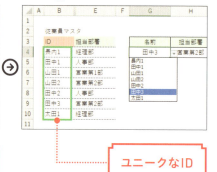

ユニークなID

「田中1」「田中2」「田中3」と別のIDと認識できるように、ユニークなIDを振っていく。

▶ VLOOKUP関数の弱点は、重複データの検索！

　ビジネスの現場では、Excelで使いたいデータがきれいに整っていることは稀です。例えばマスタデータに同一のIDが複数存在してしまっていることも少なくありません。この場合、ただの重複データであれば削除すればいいのですが、別のデータとして扱いたい場合が問題です。VLOOKUP関数は引数［範囲］の左端列に同一の引数［検索値］が何度も出てくる場合に、常に上にあるデータをピックアップし、下のデータは永遠に無視されてしまいます。こんな場合は、重複データをユニークなデータに変えていきましょう。

POINT:

1. 検索するデータは、重複していてはいけない
2. 重複データをナンバリングして、ユニークなIDを作る
3. COUNTIF関数を使ってナンバリングしていく

MOVIE:

https://dekiru.net/osa310

▶ IDが重複しているときの解決法

　それでは、重複データをユニークデータに変えていく方法を紹介します。もちろん手作業ではありません。「田中」を「田中1」「田中2」「田中3」と新規IDを作るように、重複したデータにナンバリングをしていきます。こうした場面で役立つのが、条件に一致するデータの個数を求めるCOUNTIF関数です。

1. ユニークなIDを振る列とナンバリングする作業列を新規作成
2. 作業列にCOUNTIF関数を用いて重複データにナンバリング
3. [ID]列に「（名前）＋（番号）」のユニークなIDを作る

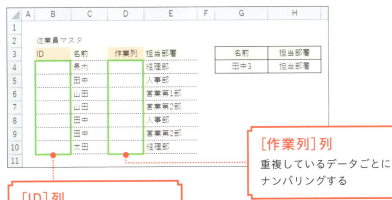

[作業列]列
重複しているデータごとにナンバリングする

[ID]列
「（名前）＋（番号）」のユニークなIDを作る

▶ 重複データをナンバリングする

条件に一致するデータの個数を求める

COUNTIF(範囲,検索条件)

引数[範囲]の中に引数[検索条件]を満たすセルがいくつあるか数える。

〈 数式の入力例 〉

= COUNTIF(**$C$4:C4** , **C4**)
　　　　　　❶　　　　❷

〈 引数の役割 〉

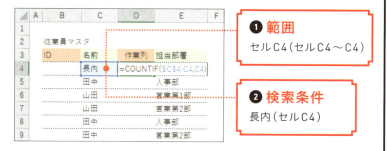

❶ 範囲
セルC4(セルC4〜C4)

❷ 検索条件
長内(セルC4)

セルC4には「長内」を満たすセルは1つあるので「1」と返されます。ポイントは範囲を「$C$4:C4」と指定していること。下にコピーすると、選択範囲が広がっていきます。

1 上の数式を入力して、下へコピー

重複データごとにナンバリングできた。

● ユニークなIDを使って担当部署を求める

1 セルB4に「=C4&D4」と入力

2 セルB4を下へコピー

2つのデータを結合して重複しないユニークなIDが振られた。

セルD9は「=COUNTIF($C$4:C9,C9)」と入力されていて、セルC4～C9の範囲に「田中」と一致するデータが3つあるので「3」と返されます。

$$= \text{VLOOKUP}(G4, \$B\$3:\$E\$10, 4, 0)$$

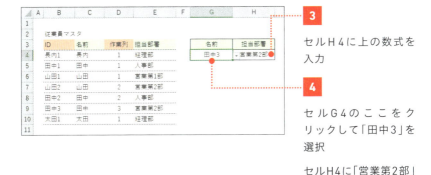

3 セルH4に上の数式を入力

4 セルG4のここをクリックして「田中3」を選択

セルH4に「営業第2部」が表示された。

11 さらに高度な検索を可能にする2つの関数

INDEX／MATCH

FILE：Chap3-11.xlsx

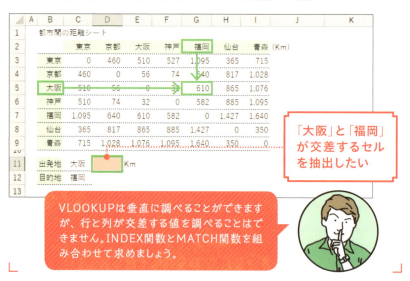

▶ VLOOKUP関数の欠点を克服できる2つの関数

　VLOOKUP関数は万能といいましたが、VLOOKUP関数にも限界はあります。「垂直に調べる」とはいえ、VLOOKUP関数のその動きは常にL字型でしかありません。上の図のように、縦軸と横軸の2つの条件で調べたいときや、[検索値]の左側にあるデータを調べたいときはどうすればいいでしょうか。

　このようなケースでは、INDEX関数とMATCH関数を組み合わせて数式を作りましょう。まずはこの2つの関数の仕組みを理解してから、組み合わせる方法を紹介します。あと一息、一緒にがんばりましょう！

POINT:

1. VLOOKUP関数でできることの限界を知っておく
2. 指定した行と列が交差する値を調べることはできない
3. INDEX関数とMATCH関数を組み合わせると抽出できる

MOVIE:

https://dekiru.net/osa311

▶「大阪」と「福岡」間の距離を求める

指定した行と列が交差する値を返す

INDEX(範囲,行番号,列番号)
（インデックス）

引数[範囲]の中の、指定した引数[行番号]と引数[列番号]の位置にある値を求める。

〈数式の入力例〉

= INDEX(B2:I9, 4, 6)
　　　　　　❶　　❷　❸

〈引数の役割〉

❶ 範囲
都市間の距離シート（セルB2〜I9）

マトリックス表の端から数えて4行目（大阪）と6列目（福岡）が交わるセルG5の値（610）を取り出します。

❸ 列番号
福岡（6）

❷ 行番号
大阪（4）

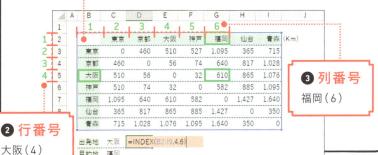

CHAPTER 3　VLOOKUP関数で業務を自動化

129

=INDEX(B2:I9,4,6)

	A	B	C	D	E	F	G	H	I	J
1	都市間の距離シート									
2			東京	京都	大阪	神戸	福岡	仙台	青森	(Km)
3		東京	0	460	510	527	1,095	365	715	
4		京都	460	0	56	74	640	817	1,028	
5		大阪	510	56	0	32	610	865	1,076	
6		神戸	527	74	32	0	582	885	1,095	
7		福岡	1,095	640	610	582	0	1,427	1,640	
8		仙台	365	817	865	885	1,427	0	350	
9		青森	715	1,028	1,076	1,095	1,640	350	0	
10										
11		出発地	大阪	610	Km					
12		目的地	福岡							
13										

1 セルD11に上の数式を入力

セルG5の値が返されて、「大阪」と「福岡」間の距離を求められた。

　実務では、INDEX関数を単体で使うことはほぼありません。なぜなら、手打ちで引数[行番号]と引数[列番号]を指定するのは手間がかかる上に、ミスをしやすいからです。そこで、==目的のセルが何個目にあるかを求められるMATCH関数==の出番です。

●「大阪」と「福岡」のセルの位置を求める

目的のセルが何個目のセルか求める

MATCH（検索値, 検査範囲, 照合の種類）

引数[検査値]が引数[検査範囲]の中の何番目のセルにあるかを求める。引数[検査範囲]における先頭のセルの位置を1として数えた値が返される。完全一致のデータを検索する場合、引数[照合の種類]は「0」または省略する。

〈 数式の入力例 〉

=MATCH（C11, B2:B9）
　　　　　　検索値　　検査範囲

セルB2〜B9の何番目に大阪が位置するかを求めます。

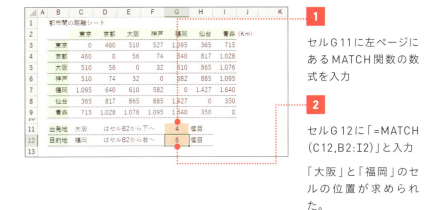

1 セルG11に左ページにあるMATCH関数の数式を入力

2 セルG12に「=MATCH(C12,B2:I2)」と入力

「大阪」と「福岡」のセルの位置が求められた。

それではINDEX関数の引数［行番号］と引数［列番号］に、MATCH関数をネストして、関数だけで大阪〜福岡の距離を求めてみましょう。

● INDEX関数とMATCH関数を組み合わせる

```
=INDEX(B2:I9,MATCH(C11,B2:B9),
MATCH(C12,B2:I2))
```

1 セルD11に上の数式を入力

「大阪」と「福岡」間の距離が求められた。

COLUMN

ビジネスマンにも役立つ教育系のYouTubeクリエイター

　近年「教育系YouTuber」という言葉が注目を集めています。YouTubeを通じて学びが得られるコンテンツを配信するクリエイターを指しますが、主に小中高生向けの受験対策コンテンツが多いのが特徴です。私たちビジネスマンが見るチャンネルはそれほど多くないのですが、中でも役に立つコンテンツを配信するクリエイターの方々をご紹介します。

・エンジニア系YouTuber「KENTA/雑食系エンジニアTV」
Web系エンジニアのキャリアや、各プログラミング言語の将来性などについて情報発信をする、本格派のエンジニアKENTAさんが運営するチャンネルです。エンジニア目線で分かりやすい解説をするチャンネルが少ないため、非常に希少価値の高いコンテンツといえるでしょう。ビジネスマンの皆さんは必見です。

・英語系YouTuber「バイリンガール英会話」
教育系YouTuberのパイオニアといえば、バイリンガール英会話のちかさんです。英語の苦手意識を抱く日本人に対して、日常で使える英語表現を数多くご紹介されています。チャンネル登録者は120万人を超え、絶大な人気を誇ります。

・中国系YouTuber「こうみく中国語」
NewsPicksのプロピッカーとしても活躍されている中国系インフルエンサーのこうみくさん。中国文化や中国語を切り口として、2018年11月にコンテンツの配信をスタートされています。世界情勢を見ると、やはり「中国」というニーズは膨らんでいくでしょう。ポテンシャルが大きく、今後の活躍も図り知れません。

・文学系YouTuber「ベルりんの壁」
本のレビューを中心にコンテンツを制作されている、ベルさんは必見です。最近は、読書や美術にまつわる動画に絡め、ライブ配信にも力を入れているようです。ビジネス書のレビューをしている動画もあるため、Excelを学ぶ皆さんにとっても興味深いチャンネルかと思います。ぜひチェックしてみてください。

CHAPTER 4

データを最適な
「アウトプット」に落とし込む

01 見える化

データの「見える化」を助ける重要機能とは？

▶ 見えなかったモノを可視化していく

　適切なインプットによりデータベース形式の一覧表を構えられたら、この章でご紹介するアウトプット機能をフルに活用できます。<mark>並べ替え</mark>、<mark>フィルター</mark>といった基本機能はもちろんのこと、<mark>ピボットテーブル</mark>を使いこなせるスキルは、大量のデータを分析する上で非常に役立ちます。またデータを視覚的な情報として整理するためには欠かせないグラフの特徴をつかみ、場面に応じて適切な表現方法を選択できるようにしましょう。ここではピボットテーブルと連携が可能な<mark>ピボットグラフ</mark>をご紹介します。

・データベースの概念 ……………………… P.050

● 大量のデータも思いのままに表示できる

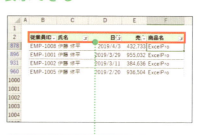

並べ替え
小さい順、あいうえお順、日付順など昇順・降順に並べ替えられる。

フィルター
項目ごとに条件が設定でき、その条件に見合ったデータだけを表示できる。

POINT :

1. Excelにはデータの「見える化」に役立つ機能が豊富
2. とくにピボットテーブルはデータ分析に欠かせない
3. 機能を使うにはデータベース形式のインプットが重要

● 関数不要で思いのままに集計・加工できる

ピボットテーブル
複雑な計算式は不要で、大量データを多角的に集計できる。

ピボットグラフ
数値を視覚化して、相手に伝える。

Excelに備わっている機能を使うためには、データベース形式の表がうまく構築されていることが前提となります。アウトプットは正確なインプットがあって始めて効果を発揮することを常に意識しましょう。

02

並べ替え

FILE : Chap4-02.xlsx

データ分析の第一歩は「並べ替え」のマスターから

BEFORE

	A	B	C	D	E
1					
2	従業員ID	氏名		日付	売上
3	EMP-1006	岡田 伸夫		2018/10/18	317,843
4	EMP-1005	山田 昭子		2018/10/19	965,609
5	EMP-1005	山田 昭子		2018/10/19	764,182
6	EMP-1005	山田 昭子		2018/10/19	351,130
7	EMP-1003	伊藤 修平		2018/10/20	758,860
8	EMP-1005	山田 昭子		2018/10/20	949,331
9	EMP-1007	西村 聖良		2018/10/21	849,958
10	EMP-1008	大隈 寿覚		2018/10/22	555,767
11	EMP-1001	佐藤 陽介		2018/10/24	902,464
12	EMP-1008	大隈 寿覚		2018/10/24	694,699

［氏名］をあいうえお順（昇順）に並べ替え、後に［売上］を大きい順（降順）に並べ替えたい

AFTER

	A	B	C	D	E	F
1						
2	従業員ID	氏名		日付	売上	
3	EMP-1003	伊藤 修平		2020/5/6	999,995	
4	EMP-1003	伊藤 修平		2020/3/26	999,964	
5	EMP-1003	伊藤 修平		2019/6/27	995,053	
6	EMP-1003	伊藤 修平		2020/1/20	969,782	
7	EMP-1003	伊藤 修平		2019/2/23	968,789	
8	EMP-1003	伊藤 修平		2019/10/4	955,805	
9	EMP-1003	伊藤 修平		2018/12/20	951,792	
10	EMP-1003	伊藤 修平		2019/9/2	944,541	
11	EMP-1003	伊藤 修平		2019/6/11	944,322	
12	EMP-1003	伊藤 修平		2019/12/11	942,988	

［並べ替え］ダイアログボックスを使って、複数条件の並べ替えが実行できた

▶ 思いのままにデータを並べ替える

　Excelには、表のデータを並べ替えることができる「並べ替え」機能が用意されています。不規則に並んだデータから規則性を捉えることで、新たな発見もあるでしょう。

　基本的な並べ方には、昇順と降順の2種類があります。昇順は、50音の「あ→ん」順、英字の「A→Z」順、数字の小さい順、日付の古い順に並べ替えてくれます。降順はこの逆です。また、実務で「うまく並べ変えられない」という声もよく聞きます。ここでは、状況別の原因についても解説していきます。

POINT :

1. 不規則なデータの並びも並べ替え機能で一発！
2. 1行1件のデータとして、行単位で並べ替わる
3. 複数の条件でも並べ替えられる

MOVIE :

https://dekiru.net/osa402

▶ ［氏名］をあ→ん順に並べ替える

1
［氏名］列内のセルをクリックして選択

2
［データ］タブの［並べ替えとフィルター］グループの［昇順］をクリック

［氏名］が「あ→ん」順に並べ替わった。

CHECK!
［氏名］列だけではなく、行単位で並べ替わります。

こうした条件が1つだけなら、［昇順］［降順］をクリックするだけでデータを並べ替えられます。それでは、同じ氏名の中で売上が高い順に並べ替えるにはどうしたらいいのでしょうか？

● [氏名]と[売上]の複数条件で並べ替える

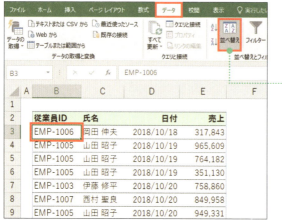

1 表のセルをクリックして選択

2 [データ]タブの[並べ替えとフィルター]グループの[並べ替え]をクリック

3 [最優先されるキー]に、[氏名][セルの値][昇順]と設定

4 [レベルの追加]をクリック

[レベルの追加]をクリックすると、条件を追加できます。並べ替えの優先順位を変更したいときは[▲]ボタンを押して移動させましょう。

5 [次に優先されるキー]に[売上][セルの値][大きい順]と設定

6 [OK]をクリック

	A	B	C	D	E	F
1						
2	従業員ID	氏名		日付	売上	
3	EMP-1003	伊藤 修平		2020/5/6	999,995	
4	EMP-1003	伊藤 修平		2020/3/26	999,964	
5	EMP-1003	伊藤 修平		2019/6/27	995,053	
6	EMP-1003	伊藤 修平		2020/1/20	969,782	
7	EMP-1003	伊藤 修平		2019/2/23	968,789	
8	EMP-1003	伊藤 修平		2019/10/4	955,805	
9	EMP-1003	伊藤 修平		2018/12/20	951,792	

［氏名］が昇順に並び、［氏名］の中で［売上］が降順で並べ替わった。

▶ 並べ替えに失敗しないための5カ条

　データの並べ替えが思い通りにできないケースは少なくありません。実はこのレッスンで紹介した事例も、下図のように正しく並べ替わっていませんでした。表がデータベース形式になっていない場合も並べ替えはうまくいきません。その原因と対策を紹介していきます。

失敗事例
- エラーが出る
- 元の順番に戻したい
- 見出し行まで並べ替えられる
- 合計行まで並べ替わる
- 名前があ→ん順に並ばない

解決策
→ 表内のセルは結合しない
→ 1件のデータごとにナンバリングする
→ 見出しに書式を設定する
→ 合計行の上に空白行を作る
→ フリガナの列を作る

987	EMP-1005	山田 昭子	2019/2/7	139,647
988	EMP-1005	山田 昭子	2020/5/8	89,036
989	EMP-1005	山田 昭子	2019/4/16	67,042
990	EMP-1005	山田 昭子	2019/5/25	63,600
991	EMP-1007	西村 聖良	2019/12/31	17,956
992	EMP-1008	大熊 海愛	2019/10/26	1,964
993	EMP-1009	田中 孝平	2019/3/6	894
994				

氏名が「あ→ん」順に並び変わってない行がある。このケースの解決方法は次のレッスンで解説していく。

- データベースの概念 …………………………… P.048
- 氏名からフリガナを取り出す ……………… P.140

03

PHONETIC

FILE : Chap4-03.xlsx

氏名からフリガナを取り出して修正

BEFORE / AFTER

PHONETIC関数でフリガナを取り出しても、フリガナのデータがないときがある。

フリガナのデータを自動入力してから、並べ替えを実行してみよう。

> ウェブからコピーした漢字は、フリガナの情報がないので、並べ替えを失敗することがよくあります。

▶ ウェブからのコピペは要注意！漢字を正確に並べ替える

　前のレッスンで学んだ並べ替え機能を用いるときに、押さえておきたいポイントがあります。それは、==漢字の場合、正しく並べ替わらないときがある==、ということです。これは漢字にフリガナが振られているときには、その読み通りに並べ替えが行われる一方で、フリガナのデータがない場合（ウェブからデータをコピペしたときなど）には、そこだけアスキーコード順になるからです。こういったケースでは、==PHONETIC関数==を利用して、フリガナのデータを確認し、必要に応じて修正しましょう。

POINT :

1. 漢字の並べ替えはうまくいかない場合がある
2. PHONETIC関数はフリガナ情報を調べるために用いる
3. [Alt] + [Shift] + [↑] キーでフリガナを自動入力

MOVIE :

https://dekiru.net/osa403

● 氏名からフリガナを取り出す

フリガナを取り出す

PHONETIC（参照）
フォネティック

引数[参照]のセルに設定されている文字列のフリガナを取り出す。

〈 数式の入力例 〉

= PHONETIC（<u>C3</u>）
　　　　　　　❶

〈 引数の役割 〉

❶ 参照
伊藤 修平（セルC3）

セルD3に「伊藤 修平」のフリガナを取り出します。

= PHONETIC (C3)

1 セルD3に上の数式を入力して下へコピー

C列の[氏名]項目に含まれるフリガナを取り出せた。

2 画面を下にスクロール

セルD991〜D993は、フリガナが取り出せなかった。

フリガナのデータがないと、漢字が思い通りに並び変わりません。フリガナのデータを入力して並べ替えを実行しましょう。

● フリガナを自動入力する

1 セルC991を選択してAlt+Shift+↑キーを押す

「ニシムラ セラ」とフリガナが自動で表示された。

2

「ニシムラ セイラ」と修正

3

Enter キーを2回押す

セルD991にも「ニシムラ セイラ」と表示された。他のセルのフリガナ情報も修正しておく。

理解を深めるHINT 🔍

住所入力がラクになるPHONETIC関数の裏技！

PHONETIC関数は郵便番号を抽出するインプットの場面でも役に立ちます。下の画面のように、セルC3に住所を入力した後に、セルC2で郵便番号を取り出すという順序が効率的です。なおセルC3に住所を入力する際は、全角の郵便番号から変換するのがおすすめです。

1

セルC3に全角で「１０１－００５１」と入力して変換して住所を選択

2

セルC2に「=PHONETIC(C3)」と入力して郵便番号を取り出す

04 フィルター

FILE : Chap4-04.xlsx

欲しい情報だけを瞬時に絞り込む

BEFORE

マスタデータから「伊藤修平」「2019/4/1～6/30」「ExcelPro」の複数条件でデータを絞り込みたい。

AFTER

フィルター機能を使えば、目的の項目を指定してデータを抽出できます。

フィルターを設定すると、見出しのセルにフィルターボタンが表示され、ここから簡単に抽出を実行できます。

▶ 大量データでも問題無し！フィルター機能で絞り込み

フィルターは、大量のデータを扱うときによく用いられる機能です。マスタデータにフィルターボタンを設定しておくことで、特定の条件を満たすデータを瞬時に調べられるようになります。「○以上△以下」といった数値範囲や日付範囲、セルの色などでの絞り込みも可能です。フィルターを使う際は、次の2つのショートカットキーを覚えておきましょう。1つは、Ctrl + Shift + L キーを押してフィルターボタンを設定。もう1つは、絞り込みたいデータを右クリックして E → V キー。頻出キーなので役に立ちます。

POINT :

1. ［フィルター］は特定の条件を満たすデータを瞬時に抽出できる
2. Ctrl + Shift + L キーでフィルターボタンが表示される
3. 特定の期間だけのデータも抽出できる

MOVIE :

https://dekiru.net/osa404

● フィルターボタンを設定する

1

セル内の表をクリックして選択

2

Ctrl + Shift + L キーを押す

フィルターボタン

表の見出しにフィルターボタンが設定された。

［ホーム］タブの［編集］グループの［フィルターの並べ替え］の［フィルター］をクリックしても、設定できます。

● 氏名が「伊藤 修平」のデータを抽出する

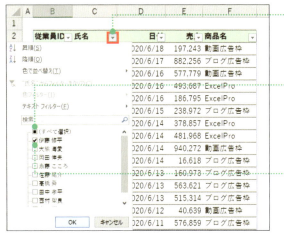

1 ［氏名］列のフィルターボタンをクリック

2 ［すべて選択］をクリックしてチェックマークをはずす

3 「伊藤 修平」をクリックしてチェックマークを付ける

選択した「伊藤 修平」のデータのみが抽出された。抽出条件が設定されたフィルターボタンは表示が変わる。

● 特定の期間のデータを抽出する

1 ［日付］列のフィルターボタンをクリック

2 ［日付フィルター］をクリック

3 ［指定の範囲内］をクリック

4

[日付]に「2019/4/1」「2019/6/30」と抽出期間を入力

5

[OK]をクリック

2019/4/1～6/30のデータが抽出される。

● 商品名が「ExcelPro」のデータを抽出する

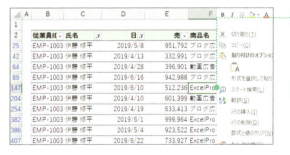

1

「ExcelPro」のセルを右クリック

2

E→Vキーを押す

「ExcelPro」のデータのみが抽出された。

フィルターを1つずつ解除したいときは、フィルターボタンをクリックして["商品名"からフィルターをクリア]を選択しましょう。一気に解除する場合はCtrl+Shift+Lキーを押します。

05 大量のデータを多角的に分析するピボットテーブル

ピボットテーブル

▶ ピボットテーブルはこんなに便利なんです！

　ピボットテーブルとは、大量のデータを一瞬で分析できる機能であり、アウトプット作業をする上では最もパワフルなツールです。課題解決の仮説検証を行う上でも便利なため、どのような使い方ができるかを一通り頭に入れておくいいでしょう。

　ただ、ピボットテーブルが苦手だという方が多いのも事実です。視聴者の方からも「ピボットで何ができるかよく分かりません……」というお悩みの声を頂きます。ピボットテーブルがすごいのは、複雑な関数を入力したりせずに、簡単に実務で使える集計表が作れるところです。ここではどんな集計表が作れるのかを概観します。

	A	B	C	D	E	F	G
1							
2		従業員ID	氏名	日付	売上		
3		EMP-1003	伊藤 修平	2020/5/6	999,995		
4		EMP-1003	伊藤 修平	2020/3/26	999,964		
5		EMP-1003	伊藤 修平	2019/6/27	995,053		
6		EMP-1003	伊藤 修平	2020/1/20	969,782		
7		EMP-1003	伊藤 修平	2019/2/23	968,789		
8		EMP-1003	伊藤 修平	2019/10/4	955,805		
9		EMP-1003	伊藤 修平	2018/12/20	951,		

> データベースとして整ってない一覧表はうまく集計できません。ピボットテーブルを集計する前に、その一覧表がきちんとデータベース形式になっているか確認しよう！

・データベース …………………… P.050

POINT:

1. ピボットテーブルは、大量のデータを瞬時に分析できる
2. 関数や数式を使わずに、簡単に集計できる
3. 元データをデータベース形式で作っておく

▶ 「いつ何がどれだけ売れたか」を自在にアウトプットできる

商品別売上表
商品別の実績を年間ごとに数値で集計する

商品別売上構成比
商品別の実績を年間合計に対する比率で集計する

担当者ごとのシート別売上表
商品別の実績をさらに担当者別に展開する

06 ピボットテーブルの作成

FILE：Chap4-06.xlsx

データをあらゆる視点で分析してみよう

ピボットテーブルを使って集計してみよう

商品別の実績を年間ごとに数値で集計する

商品別の実績を年間合計に対する比率で集計する

▶ ドラッグするだけで簡単に集計できる

　ピボットテーブルを使えば、項目名をドラッグ＆ドロップするだけで集計表を作ることができます。数式や関数を入力する必要はありません。元のデータにある表の見出し、このレッスンの例では「日付」「商品名」「氏名」「売上」を、レイアウトセクションの4つの項目に配置するだけです。
　ここでは、ピボットテーブルを使って「いつ何がどれくらい売れたのか」という情報を引き出して、売上表と構成比を集計してみましょう。慣れてくると、多角的な切り口でデータを分析できるようになります。

POINT :

1. マウス操作で瞬時に集計できる
2. 元の表にある項目を使って集計表の土台を作る
3. 各項目をどのエリアに配置するかがポイント

MOVIE :

https://dekiru.net/osa406

● ピボットテーブルを作成する

1
表内のセルをクリックして選択

2
[挿入]タブの[ピボットテーブル]をクリック

3
ピボットテーブルにするリスト範囲を確認

4
[新規ワークシート]をクリック

5
[OK]をクリック

ドラッグするだけでどんどん集計表が作られていくピボットテーブルのすごさは、本よりも動画の方が伝わると思います。ぜひ、動画もチェックしてみてください。

［フィールドリスト］ウィンドウ　　［レイアウトセクション］

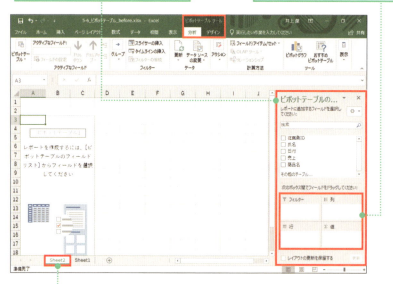

新規シート（［Sheet2］）が作成され、［ピボットテーブルツール］タブが表示された。

● 日付別商品売上表を作成する

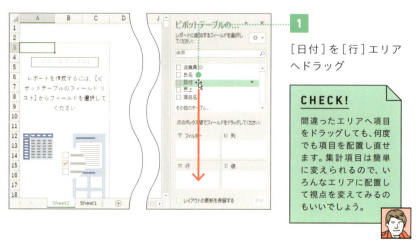

1 ［日付］を［行］エリアへドラッグ

CHECK!
間違ったエリアへ項目をドラッグしても、何度でも項目を配置し直せます。集計項目は簡単に変えられるので、いろんなエリアに配置して視点を変えてみるのもいいでしょう。

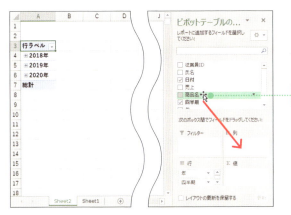

[行]フィールドに[日付]が配置され、セルA3～A7に[年]の項目が追加された。

2

[商品名]を[列]エリアへドラッグ

[列]フィールドに[商品名]が配置され、セルB3～E4に[商品名]の項目が追加された。

3

[売上]を[値]エリアへドラッグ

日付ごとに商品別の売上金額が集計された。

CHECK!

ドラッグするだけで簡単に集計できました。次は、計算の種類を変更して構成比を求めてみましょう。

● 商品別の売上構成比を求める

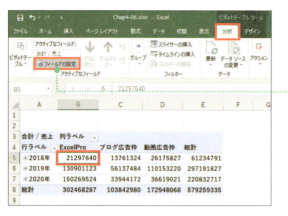

1 ［値］フィールドのセルをクリックして選択

2 ［ピボットテーブルツール］-［分析］タブの［アクティブなフィールド］グループの［フィールドの設定］をクリック

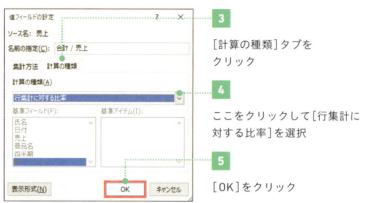

3 ［計算の種類］タブをクリック

4 ここをクリックして［行集計に対する比率］を選択

5 ［OK］をクリック

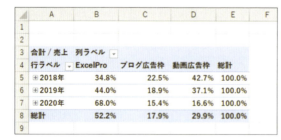

商品別の売上構成比が求められた。

CHECK!

［値フィールドの設定］ダイアログボックスの［集計方法］タブで、合計や個数、平均など計算の種類を選択できます。数式や関数不要で集計できることが分かったかと思います。

理解を深めるHINT 🔍

ピボットテーブルの書式を設定するには

ピボットテーブルで集計した後は、表示形式を設定しておきましょう。3桁ごとに「,」で区切ったり、少数点以下の数値をそろえたり、ちょっとした手間で数値が断然と読みやすくなります。

前ページの手順2を参考に[値フィールドの設定]ダイアログボックスを表示しておく。

1

[表示形式]をクリック

2

[セルの書式設定]ダイアログボックスで、表示形式を設定しておく

[数値]のここにチェックマークを付けると、桁区切りで表示できる。

・表示形式の設定 ………………… P.032

07

FILE：Chap4-07.xlsx

ドリルダウン／グループ化

「四半期別」や「月別」の売上もすぐ分かる

「年」では比較できるが、短期的な推移を知りたい。

「月」「日」ごとにグループ化して集計できた。

▶ 日付のグループ化でデータの推移を見よう

　ピボットテーブルでは、日付のデータを［行］や［列］に配置すると、自動的に「年」「四半期」などの単位にグループ化されて表示されます（Excel 2016の場合）。ここでは、「月」「日」の単位でまとめる方法を紹介します。これにより、「月」「日」は短期間の推移、「年」「四半期」は長期間の推移を確認できるようになります。

　また、グループ化されているセルには［＋］ボタンがあります。［＋］をクリックして詳細を表示することをドリルダウン、［－］ボタンをクリックして詳細を非表示にすることをドリルアップといいます。

POINT :

1. 日付データは「年」「四半期」「月」「日」で集計できる
2. データの項目を掘り下げるにはドリルダウン
3. 大まかな傾向を把握できるドリルアップ

MOVIE :

https://dekiru.net/osa407

● 集計項目の詳細を表示する（ドリルダウン）

セルA5の［＋］をクリック

2018年の［四半期］ごとの詳細が表示された。2019年と2020年もドリルダウンしておく。

Excelの標準機能では、1月始まりの年度（および半期・四半期）単位としてグループ分けがされてしまいます。4月始まりの年度（および半期・四半期）でグループ分けをする際は、日付データを工夫する必要があります。詳細は本レッスンの動画をご覧ください。

● [年][四半期]のグループ化を解除する

1
[日付]フィールドのセルをクリックして選択

2
Alt + Shift + ← キーを押す

グループ化が解除されて、すべての日付が表示された。

CHECK!
[ピボットテーブルツール]-[分析]タブの[グループ]をクリックして[グループ解除]を選択しても解除できます。

● [月][日]でグループ化する

1
[日付]フィールドのセルをクリックして選択

2
Alt + Shift + → キーを押す

グループにまとめる期間と
単位を選択する。

3

開始日に「2019/1/1」、最終日に「2019/12/31」と入力

4

[日][月]をクリック

5

[OK]をクリック

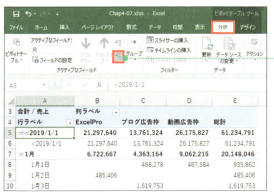

「日」「月」がグループ化された。

6

[ピボットテーブルツール]-[分析]タブの[フィールドの折りたたみ]をクリック

「日」のデータが折りたたまれて、「月」ごとの売上データが表示された。

CHECK!

2019年以前のデータは「<2019/1/1」、以降のデータは「>2019/12/31」にまとまっています。

08 レポートフィルター

FILE：Chap4-08.xlsx

シート別に担当者ごとの売上表を一気に作る

フィルターの項目は各シートに展開できる！

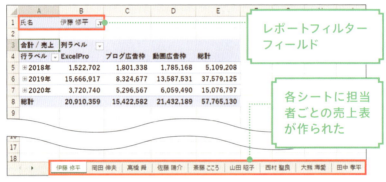

レポートフィルターフィールド

各シートに担当者ごとの売上表が作られた

フィルターエリアは、行や列に並べたものを別の観点から絞り込み分析するのに役立ちます。フィルターに設定した項目は各シートに一瞬で展開されます。

▶ 半日仕事が1分で終わる！レポートフィルター

　ピボットテーブルのフィルター機能は、[フィルター]エリアに項目をドラッグするだけでレポートフィルターが設定されます。例えば、「いつ何をどれだけ売ったのか」という情報に加えて「誰が売ったのか」という視点で分析を行うときは、[行]エリアに日付、[列]エリアに商品名、[値]エリアに売上を設定した上で、[フィルター]エリアに氏名を配置します。

　フィルターに設定した項目は、それを基準として集計表を各シートに横展開できます。これを「レポートフィルターページ」といいます。

POINT :

1. 特定の項目を絞り込みたいときはレポートフィルターを設定
2. 項目を[フィルター]エリアにドラッグするだけでOK！
3. フィルターの項目を各シートに分割できる

MOVIE :

https://dekiru.net/osa408

● [氏名]のフィルターを設定する

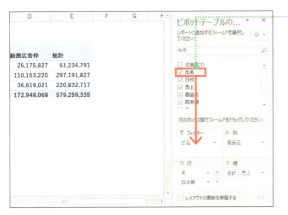

1

[氏名]を[フィルター]エリアへドラッグ

セルA1～B1に氏名ごとのフィルターが設定された。

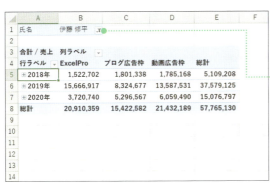

2

フィルターボタンをクリックして[伊藤 修平]を選択

[伊藤 修平]の売上表が作成された。

● 担当者ごとの売上表を各シートに作成

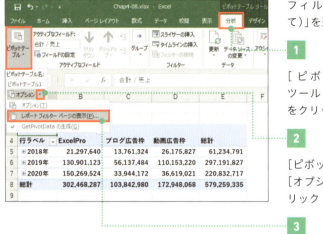

フィルターは「(すべて)」を選択しておく。

1

[ピボットテーブルツール] - [分析]タブをクリック

2

[ピボットテーブル]の[オプション]の▼をクリック

3

[レポートフィルターページの表示]をクリック

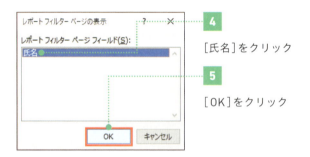

4

[氏名]をクリック

5

[OK]をクリック

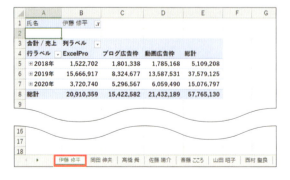

「伊藤 修平」の売上が表示され担当者ごとの売上表が各シートに作成できた。

6

Ctrl + Page Down キーを押す

［岡田 伸夫］シートが表示された。

CHECK!
シート間の移動はショートカットキーがラクです。1つ前のシートに戻りたいときは Ctrl + Page キーを押しましょう。

理解を深めるHINT

集計元のデータを修正＆追加するときの注意点

集計元のデータを変更した場合、デフォルトの設定ではピボットテーブルを手動で「更新」しなければなりません。データを修正・追加する際は、必ず以下の手順で反映させましょう。

● 修正後のデータを更新するには

［ピボットテーブルツール］−［分析］タブにある［データ］グループの［更新］をクリックしておく。

● 集計元のデータを追加した後は

［ピボットテーブルツール］−［分析］タブにある［データ］グループの［データソースの変更］をクリックしておく。

CHAPTER 4　加工・集計の最適化

09

ピボットグラフ／
スライサー

FILE：Chap4-09.xlsx

伝える力を高める！
集計結果を視覚化しよう

ピボットグラフは臨機応変に作り変えられる

ピボットグラフ
ピボットテーブルをグラフ化

スライサー
集計対象をワンクリックで絞り込める

数値を眺めているだけでは分からなかったことも、グラフにすると見えてくることがありますよ。

▶ **変幻自在のピボットグラフを使いこなす**

　グラフは、アウトプットのゴールであり、その作成はExcel業務の大切なスキルです。ここでは、ピボットテーブルの集計表を元に、==ピボットグラフ==を作成していきます。==スライサー==は、レポートフィルターと同様の働きをしますが、集計対象を視覚的に絞り込めるので、その場でグラフを作り変えることが求められるチーム議論の場などで役に立つ機能です。ただし、グラフにおいて最も重要なことは、==データに応じた適切な「グラフの種類」を選ぶこと==です。Excelにはどのようなグラフがあり、どんな場面で使うことが効果的かをマスターしましょう。

POINT :

1 | グラフはデータを「見える化」する
2 | どのグラフがどの場面に効果的かを知っておく
3 | スライサーを組み合わせると変幻自在なグラフになる

MOVIE :

https://dekiru.net/osa409

● ピボットグラフを作成する

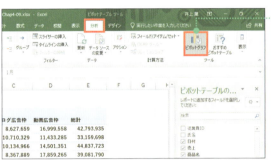

1

[ピボットテーブルツール]-[分析]タブにある[ツール]グループの[ピボットグラフ]をクリック

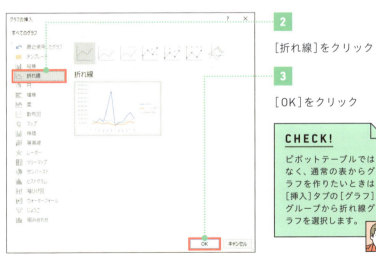

2

[折れ線]をクリック

3

[OK]をクリック

CHECK!

ピボットテーブルではなく、通常の表からグラフを作りたいときは[挿入]タブの[グラフ]グループから折れ線グラフを選択します。

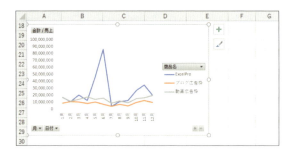

月ごとの売上推移が分かるピボットグラフができた。

● スライサーを挿入する

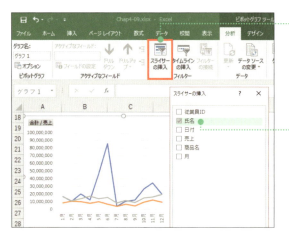

1 [ピボットテーブルツール]-[分析]タブの[スライサーの挿入]をクリック

2 [氏名]クリックして[OK]をクリック

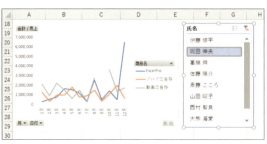

スライサーを挿入できた。[岡田 伸夫]をクリックすると、[岡田 伸夫]の売上推移が表示された。

CHECK!
スライサーはExcel 2010から追加された機能です。

ピボットグラフにはスライサーの他にも、日付データを自由にフィルターできる「タイムライン」という機能があります。

▶ 目的に合わせた「グラフの選び」のコツ

グラフの種類はたくさんありますが、全部覚える必要はありません。「縦棒」「横棒」「折れ線」「円」の4種類の特長を知って、最適なグラフを選べるようになりましょう。

● 数値の大小を比較する 縦棒グラフ（量）

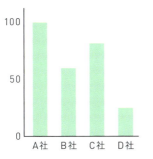

縦軸の基点は、量を表現するためゼロから始めます。横軸には、会社名や担当者名、時系列など比較したい項目を置きます。

● 数値の大小を比較する 横棒グラフ（ランキング）

縦軸は、上からランキング順に並べます。横軸の基点は、量を表現するためゼロから始めます。

● 数値の変化の推移を見る 折れ線グラフ（時系列）

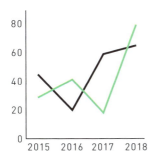

縦軸の基点は、量ではなく変化を見るため、必ずしもゼロから始める必要はありません。横軸には、時系列などの連続している項目を置きます。

● 数値の内訳を見る 円グラフ（構成比）

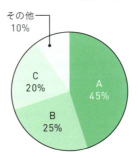

内訳の割合を面積で表します。推移を示すことはできないため、ある一時点の情報をシンプルに伝えたいときに向いています。

COLUMN 🔍

個人の時代に組織を飛び出すあなたへ。

　私は今でこそ、ビジネス教育系のYouTuberとして独立を果たしましたが、かつては大手総合商社の経理部員として3年4カ月ほど勤務していました。会計税務の知識はもちろん、ビジネスマンとしての振る舞い方を学ばせていただき、とても貴重な時間を過ごしました。一方で、働けば働くほど、YouTubeにExcel動画を投稿する時間が減り、視聴者と交流する余裕もなくなりました。「人の役に立つことを通じて、いい世の中を作る個人を増やす」という自らの人生の使命から、少しずつ遠ざかっていく毎日に違和感を抱きながらも、必死に働いていたことを思い出します。

　何を話すかではなく、誰が話すかが極めて重要なこの時代に、没個性的な働き方をしてしまうのが不安という感覚は、同世代の多くが共有していることでしょう。組織から個人へのパワーシフトが起きているこの時代の過渡期に、どちらの道を歩むかで悩むビジネスパーソンも多いはずです。大きな組織で働くこと、小さな個人として働くこと、両方を経験した私が思うのは、どちらの道も決してたやすい道ではないということ。隣の芝が青く見えるのは、青いところしか見えないように隣人が取り繕っているだけなのです。独立してからは毎日が勉強の連続。大事なことは歩みを止めずに、今日の自分を超えていくことです。自分にしかできない武器を身につけながら、使命を掲げ、素敵な仲間たちの力を借りましょう。

　結局のところ、最後に人を突き動かすのは「使命感」です。今ある環境を捨ててでも成し遂げたいことがあるか、ただそれだけだと思います。私は、第一子となる娘が生まれた同月に会社を退職し、27歳で「YouTubeで日本の働き方を変える」という道を選びました。私のような小さな個人が世の中を変えるなんていうのはおこがましい話です。しかし、私には応援してくれる仲間がいます。これを読んでくださっている方々もそうです。少しずつ、少しずつ、1人でも多くの方に自分の思いを届け、そして同じ志を持つ仲間たちと一緒にいい世の中を作っていけるよう、これからも歩みつづけます。

CHAPTER 5

「シェア」の仕組み化で
チームの生産性を上げる

01 誰でもシンプルに入力できる「仕組み」が大事

シェア

▶ チームでの作業は仕組みが9割

最後の章では、第三者にExcelを共有する前に仕込んでおきたい機能を紹介します。まずはExcelで「共有するファイル」には、大きく分けて2種類あることを覚えておいてください。

・これ以上入力する必要のない「完成したファイル」
・第三者に入力をお願いする「未完成のファイル」

ここでは、後者にフォーカスを当てて、どのようにすれば第三者によるインプットがスムーズに進むのかを考えていきます。誤入力や誤操作がなくなり、業務の出し戻しがなくなる仕組み作りを考えていきましょう。

仕組みがしっかりできていると、シェアからインプット→アウトプット→シェアと言うように業務フローがきれいなループを描き、効率的なワークを実現できるのです。

● 共同作業できるように[共有]モードに

ブックの共有
複数人が同時に編集できる

POINT :

1　他の人と共有するファイルは大きく2種類ある

2　それは「完成したファイル」と「未完成のファイル」

3　第三者に入力をお願いするときは仕組み作りが大事

● 入力を簡単に、なおかつ正確にできる機能

入力できる値を制限
入力できる日付の期間を設定する

エラーメッセージ
制定された期間以外の日付を入力するとエラーが表示される

条件付き書式
入力不要なセルを自動的に灰色に設定する

シートの保護
数式などをうっかり削除してしまう誤操作を防ぐ

02

ブックの共有

FILE：Chap5-02.xlsx

共同編集を可能にして チームで同時に編集する

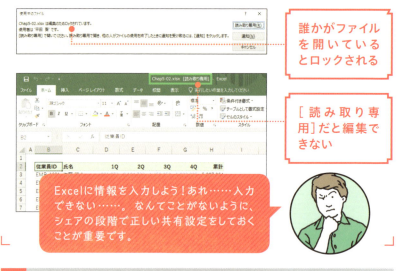

社内サーバーにあるブックを開いたら、
誰かが開いているため編集できない

誰かがファイルを開いているとロックされる

[読み取り専用]だと編集できない

Excelに情報を入力しよう！あれ……入力できない……。なんてことがないように、シェアの段階で正しい共有設定をしておくことが重要です。

▶ 同時に編集できる「ブックの共有」

　実務では、社内サーバーなどの共有フォルダーに置かれたExcelを、複数人で同時に閲覧・編集したいという場面がよくあります。このとき「他の人がExcelブックを開いていて更新できない！」なんて思いをしたことはありませんか？ 何も設定しないままのExcelを共有フォルダーに置くと、[読み取り専用]モードで同時に閲覧できても、上書き保存ができません。そこで役に立つのが[ブックの共有]です。この設定により1つのブックに対して複数のユーザーが同時にデータを入力でき、上書き保存することが可能になります。

POINT :

1. 誰かが作業中のブックを開くと、[読み取り専用]になる
2. [読み取り専用]は、上書き保存ができず、共同作業には不向き
3. 共有モードに設定すれば複数人で同時編集できる

MOVIE :

https://dekiru.net/osa502

● チームでブックを同時で編集できるようにする

1
[校閲]タブの[変更]グループにある[ブックの共有]をクリック

2
ここをクリックしてチェックマークを付ける

ここで現在ブックを開いているユーザーを確認できる。

3
[OK]をクリック

4
[OK]をクリック

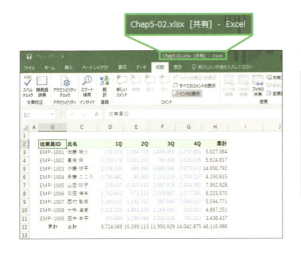

ブックが共有されタイトルバーに[共有]と表示された。

CHECK!

[共有]モードは、リアルタイムの反映ではありません。各ユーザーが保存をした時点から、次に開いたブックに対して、変更個所が更新されます。

● 他のメンバーの変更個所を確認する

[ブックの共有]を適用するのに向いているのは、==メンバー各自が、各自のデータエリアに書き込むような表==などです。ここでは、共有中のデータを「いつ、どこで、誰が、どのように更新をしたか」を確認してみます。

1 [校閲]タブの[変更]グループにある[変更履歴の記録]をクリック

2 [変更箇所の表示]をクリック

ここをクリックすると表示する変更日やユーザー、対象範囲を指定できる。

3 [OK]をクリック

セルの左上にマーク（▼）が付いて変更個所が表示された。
セルにマウスポインターを合わせると変更履歴が表示される。

※ ［ブックの共有］／［変更履歴の記録］がリボンにない場合は、［校閲］タブを右クリック→［リボンのユーザー設定］をクリックし、［コマンドの選択］で［リボンにないコマンド］を選択後、下の一覧から［ブックの共有（レガシ）］／［変更の追跡（レガシ）］を選択します。その後右のリストから追加先を選択し（たとえば［校閲］→［保護］）、［新しいグループ］をクリックし、［追加］ボタンをクリックします。

理解を深めるHINT

他のメンバーが変更したデータを元に戻したい

他のメンバーが誤ってデータを更新してしまっても、変更履歴が残っている場合は、遡って修正できます。［変更箇所の確認］ダイアログボックスを表示して、[反映しない]をクリックすると、修正前のデータに戻せるのです。デフォルトでは30日間の変更履歴が保存される仕様になっています。

1 ［変更履歴の記録］-［変更箇所の確認］をクリック

2 次の画面で［OK］をクリック

3 ［反映しない］をクリック

03 数式チェック

FILE：Chap5-03.xlsx

ただ眺めていては発見できない数式のエラー

シェアする前に F2 キーで数式をチェック！

F2 キーを押して編集モードに切り替える

セルをダブルクリックしても数式を確認できますが、F2 キーを押す方が素早く確認できます。

編集モードで数式をチェックする操作以外にも、エラーを確認する便利技があるので紹介していきます。

▶ 数式のエラーチェックを習慣にしよう

　チームやクライアントに資料をシェアする前に、必ず数式のチェックをしてください。とくに、セルを削除したあとは、数式のセル参照がずれる可能性があります。数値がおかしい資料は、いくら時間をかけて作ったとしても無価値です。あとになって「えっ、ぜんぜん違う数値を報告してた。やばい」なんてことが起こらないように気を付けてください。ここでは、私が経理時代に実践していた、まとまったセル範囲から傾向の異なるセルを調べる方法と、参照元をトレースしてエラーを探す方法を紹介していきます。

POINT :

1. 資料をシェアする前に必ず数式のエラーチェックを
2. [F2]キーとトレース機能で、数式を個別に確認
3. まとめて数式をチェックしたいときはジャンプ機能

MOVIE :

https://dekiru.net/osa503

● セル範囲から傾向と異なるセルを調べる

数式が入力されている列を選択して、ジャンプ機能の[アクティブ列との相違]を選択すれば、傾向の異なるセルを選択できます。参照元がずれている数式や、ベタ打ちされている値などが選択されます。行の場合は[アクティブ行との相違]を選択しましょう。

1 セルH3～H11をクリック

2 [Ctrl]+[G]キーを押す

[ジャンプ]ダイアログボックスが表示された。

3 [セル選択]をクリック

CHECK!
データの件数が少ない場合は、[F2]キーやトレース機能でセルをチェック。データ件数が多い場合は、ジャンプ機能を使って傾向と異なるセルを調べましょう。

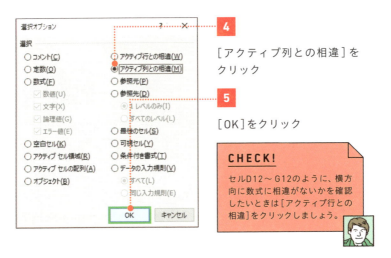

4

［アクティブ列との相違］を
クリック

5

［OK］をクリック

> **CHECK!**
> セルD12〜G12のように、横方向に数式に相違がないかを確認したいときは［アクティブ行との相違］をクリックしましょう。

傾向と異なるセルとしてセルH5とセルH7が選択された。

6

[Ctrl]+[Shift]+@キーを押す

数式が表示された。セルH5とセルH7のエラーの原因を確認する。

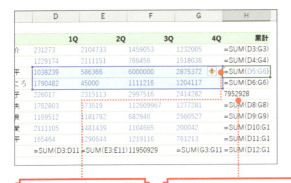

セルH5は参照する範囲が間違っている

セルH7は数値がベタ打ちされている

・ジャンプ機能 ……………… P.056

▶ トレース機能で参照元を確認する

1

セルH3をクリックして選択して、Alt → T → U → Tキーを押す

セルH3の参照元が確認できた。

2

Enterキーを押して、セルH4へ移動

3

Alt → T → U → Tキーを押す

セルH4の参照元が確認できた。

4

Alt → T → U → Aキーを押す

セルH3～H4のトレースが削除された。

もう1つ、数式チェックの応用ショートカットキーがこちら！ 数式上でCtrl+[キーを押すと一瞬で「参照元のセル」へ移動できます。動画でも紹介しているのでぜひチェックしてくださいね！

CHAPTER 5　チームで共有しやすい仕組みを作る

04 美しいシートに仕上げる デザインのルール

FILE：Chap5-04.xlsx

行列／目盛線／書式設定

こんな資料は要改善！
資料の見栄えはシンプルに

改善点1：行幅
文字があふれないように調整

改善点2：罫線
すべてのセルを罫線で囲んでいる

改善点3：配色
色をたくさん使っている

Excelのシートは無駄がなくシンプルなデザインの方が、訴求力が上がります。

▶ ひと手間かけて洗練された見た目に

　Excelシートは、見た目がよい方がいいに決まっていますが、丁寧に時間をかければよいと言う訳ではありません。行や列、罫線、書式など、項目ごとに見やすいデザインのコツを掴めれば、毎回デザインに時間を費やすことなくスッキリとした資料を作れます。このレッスンでは、時間がない中でも、==最低限やっておきたいExcelシートを整える5つのルール==をご紹介します。これらを基本として会社独自のデザインを標準化すると、メンバーごとの資料の質のバラつきがなくなり、チーム共有するときの生産性を高められます。

POINT：

1. 「Simple is best！」なデザインを目指す
2. スッキリした表は、情報の訴求力が増す
3. 目盛線、罫線など無駄をカットする

MOVIE：

https://dekiru.net/osa504

● Excelシートの整える5つのルール

1. 行の高さと列の幅を調整する
2. 目盛線は非表示にして、罫線は下だけに引く
3. セルを結合したいときは、[選択範囲の中央揃え]を使う
4. 使わない行や列は非表示にする
5. 数値の表示形式にルールを決める

● 列幅を自動調整する

表を選択して Alt → H → O → I キーを押す

列幅が自動調整され、文字があふれているセルがなくなった。

CHECK！

[ホーム]タブの[セル]グループの[書式]をクリックして[列幅の自動調整]を選択しても列幅を自動調整できます。

● 行の高さを「18」に設定する

表を選択して Alt → O → R → E キーを押して「18」と入力

行の高さが「18」に調整された。

CHECK!
［ホーム］タブの［セル］グループの［書式］をクリックして［行の高さ］を選択しても［行の高さ］ダイアログボックスを表示できます。

● 目盛線を非表示にして、罫線を引く

1

［表示］タブの［表示］グループにある［目盛線］をクリックして、チェックマークをはずす

目盛線が非表示になった。

2

表を選択して Ctrl + 1 キーを押す

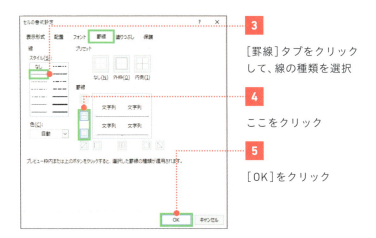

3 [罫線]タブをクリックして、線の種類を選択

4 ここをクリック

5 [OK]をクリック

セルの下だけに罫線が引かれた。

CHECK!
罫線のデザインに正解はないのですが、私はセルの下だけに点線を引きます。

● 使わない行・列は非表示にする

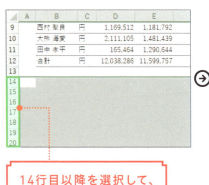

14行目以降を選択して、Ctrl + 9 キーを押す

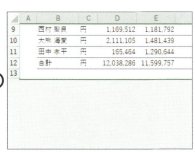

15行目以降が非表示になった。列を非表示にするときはCtrl + 0 キーを押す。

▶ 数値の書式ルールを決めておこう

　数値の書式には、ルールを決めておくことをおすすめします。私の場合は、前年同期比や前月比のデータを分析する機会が多かったので、「実績値」と「実績値の差」で数値の見た目を変えていました。

1　セルD3～E12を選択して Ctrl + 1 キーを押す

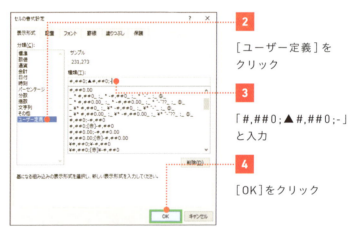

2　［ユーザー定義］をクリック

3　「#,##0;▲#,##0;-」と入力

4　［OK］をクリック

正の値（100）、負の値（▲100）、0の場合（-）に書式を設定できた。

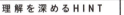

セルＦ３〜Ｆ12を選択して、ユーザー定義に「+#,##0;△#,##0;-」を設定

差による正の値（+100）、差による負の値（△100）、0の場合（-）に書式を設定できた。

正の値、負の値、「0」に異なる書式を設定するには、セミコロン「;」で区切って条件を記します。最初は正の値、次に「;」で区切って負の値、最後に「;」で区切って「0」の書式を設定します。

・書式記号 …………………………… P.033

理解を深めるHINT 🔍

複数セルの中央に文字を配置したい

1つのセルではなく、複数のセルの中央にデータを配置したいときは、下の手順を参考に［選択範囲内で中央］を設定しましょう。セル結合でも中央揃えは可能ですが、データベース形式の表として機能させるために、なるべくセルは結合しないようにしましょう。

セルＢ１〜Ｆ１を選択して Ctrl + 1 キーを押す

［配置］タブのここをクリックして［選択範囲内で中央］を選択

05 入力ミスを直ちに見つける仕組みを作ろう

データの入力規則

FILE：Chap5-05.xlsx

入力できる文字を制限して、ミスを防ごう！

	A	B	C	D	E	F
1	日別売上報告					
2	従業員ID	氏名		日付	売上	備考
3	EMP-1006	岡田 伸夫		2019/1/3	317,843	
4	EMP-1005	山田 昭子		2019/1/3	965,609	
5	EMP-1005	山田 昭子		2019/1/5	764,182	
6	EMP-1001	佐藤 陽介		2019/1/7	351,130	
7	EMP-1003	伊藤 修平		2019/1/9	-758,860	自然災害の影響を受けたため。
8	EMP-1006	岡田 伸夫		2019/1/13	949,331	
9	EMP-1007	西村 聖良		2019/1/15	849,958	
10						

2019年の第四半期の日付を入力する

文字数は15文字以内で入力する

▶ 複数人で入力するときは入力規則をセルに仕込む

　誤入力を防ぐ仕組みとして有能なのが、==データの入力規則==です。ここでは現場でよく使う、==文字列の長さ==と==日付データの期間==を制御する方法を紹介します。実務では四半期ごとにデータを集める機会が多いので、日付のデータ入力欄には、該当四半期のデータのみを入力できるように入力規則を設定しておくといいでしょう。もし入力規則に反する値が入力された場合、エラーメッセージを返すことができます。何を入力してもらいたいか、==あらかじめエラーメッセージを設定しておく==と、とても親切なExcelファイルができあがります。

POINT :

1. 入力できる文字を制限して効率化を図る
2. 入力できるデータの文字数や期間を設定できる
3. 間違ったデータを入力したときにエラーを表示させる

MOVIE :

https://dekiru.net/osa505

● 入力できる文字列を15文字以下に設定する

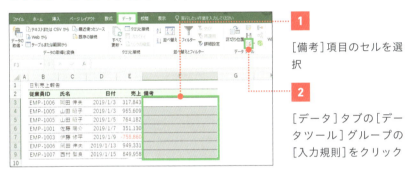

1
［備考］項目のセルを選択

2
［データ］タブの［データツール］グループの［入力規則］をクリック

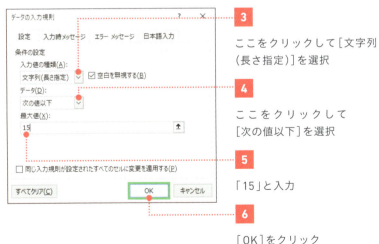

3
ここをクリックして［文字列（長さ指定）］を選択

4
ここをクリックして［次の値以下］を選択

5
「15」と入力

6
［OK］をクリック

［備考］項目に入力規則が設定できた。

7

セルF7に15文字以上の文字を入力

エラーメッセージが表示された。

［再試行］をクリックするとデータを入力し直せて、［キャンセル］をクリックすると入力を中止できます。

● 入力できる日付を設定する

1

セルを選択した上で、前ページを参考に［データの入力規則］ダイアログボックスを表示

2

ここをクリックして
［日付］を選択

3

ここをクリックして［次の値の間］を選択

4

開始日に「2019/1/1」、終了日に「2019/3/31」と入力

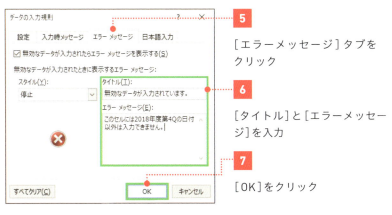

[エラーメッセージ]タブをクリック

[タイトル]と[エラーメッセージ]を入力

[OK]をクリック

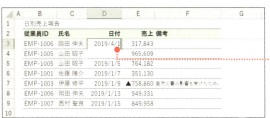

[日付]項目に入力規則が設定された。

「2019年4月1日」と入力

手順6で設定したタイトルとエラーメッセージが表示された。

| 理解を深めるHINT | 🔍 |

≡

セルごとに入力モードを自動的に切り替えられる

商品名や日付、金額などさまざまなデータを入力するとき、入力モードを切り替えながら入力するのは大変な手間です。そんなときは、[データの入力規則]ダイアログボックスの[日本語入力]タブで入力モードを設定してみましょう。入力時に入力モードが自動的に切り替わり、効率よく入力できます。

06 条件付き書式

FILE：Chap5-06.xlsx

セルに書式を設定して入力漏れを防ぐ工夫を！

BEFORE

日付	売上	備考
2018/10/18	317,843	
2018/10/19	965,609	
2018/10/19	764,182	
2018/10/19	351,130	
2018/10/20	▲758,860	
2018/10/20	949,331	
2018/10/20	849,958	
2018/10/24	-	
2018/10/24	213,400	

隣のセルがマイナスの場合だけ備考欄を入力してほしい

AFTER

日付	売上	備考
2018/10/18	317,843	
2018/10/19	965,609	
2018/10/19	764,182	
2018/10/19	351,130	
2018/10/20	▲758,860	
2018/10/20	949,331	
2018/10/20	849,958	
2018/10/24	-	
2018/10/24	213,400	

条件に合ったセルだけに色を付けて入力を促す

▶ 色の効果を使って入力漏れを防ぐ

　データの入力漏れを防ぐという観点で、条件付き書式を使えるようになりましょう。条件付き書式とは、ある条件を満たしたときに任意のセルの書式を変えられる機能です。例えば、「入力しないでいいセルは灰色」「入力してほしいセルは白色」といった設定もできます。初めてそのシートを見た人にも「白色のセルには何か入力しなければいけないんだ」と気づいてもらえるはずです。また、条件付き書式は、「100％以上の値を太字にする」「トップ5だけ色を付ける」などアピールしたい数値を目立たせたいときにも便利です。

POINT:

1. データの入力場所を分かりやすくしてミスを防ぐ
2. セルに色を付けて、入力すべき個所を視覚的に伝える
3. 条件付き書式は、条件に合ったセルだけに色を付けられる

MOVIE:

https://dekiru.net/osa506

● 売上がプラスのときだけ[備考]に色を付ける

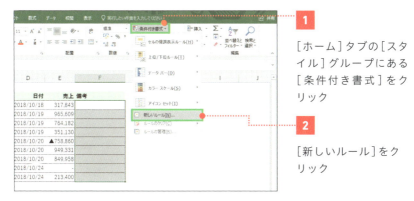

1 [ホーム]タブの[スタイル]グループにある[条件付き書式]をクリック

2 [新しいルール]をクリック

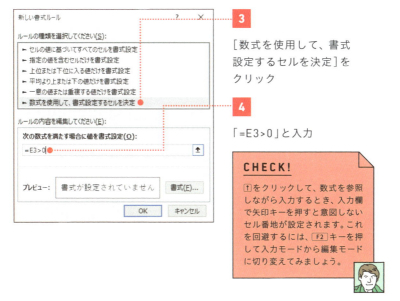

3 [数式を使用して、書式設定するセルを決定]をクリック

4 「=E3>0」と入力

CHECK!

↑をクリックして、数式を参照しながら入力するとき、入力欄で矢印キーを押すと意図しないセル番地が設定されます。これを回避するには、[F2]キーを押して入力モードから編集モードに切り変えてみましょう。

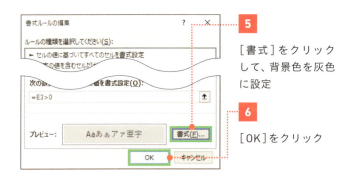

5 ［書式］をクリックして、背景色を灰色に設定

6 ［OK］をクリック

E列の売上がプラスのときは［備考］項目が灰色に設定された。

> ルールの数式には「＝」を入力し、71ページで紹介した「○○記号××」の原則で条件を指定するのがポイントです。

理解を深めるHINT

条件に合った「行」を塗りつぶすには

上のケースでは条件に合ったセルを塗りつぶしましたが、行を塗りつぶしたいときは、表全体を選択して操作4で「=$E3>0」と入力しましょう。E列に判断の基準となるセルがあるので列のみ絶対参照で指定します。

E列の売上がプラスのときは行全体が灰色に設定された。

理解を深めるHINT

注目すべき数値を目立たせて、売上表を もっと分かりやすく!

このレッスンでは、チームでシェアするときに便利という切り口で条件付き書式を紹介しましたが、数値の差を簡単に目立たせたいときにも便利です。［新しいルール］から数式で設定してもいいですし、［条件付き書式］ボタンの一覧にある「データバー」「カラースケール」「アイコンセット」を使って、簡単にメリハリを付けるのもいいでしょう。

データバー
値の大小を棒グラフのように表示できる

カラースケール
値の大小を複数の色分けで表示できる

アイコンセット
値の大小を複数のアイコンで区別できる

07 誤ったデータの削除や数式の書き換えを防ぐ

FILE：Chap5-07.xlsx

シートの保護／ブックの保護

入力欄のセルだけ編集可能にしよう！

	A	B	C	D	E	F	G	H
1								
2		2020年度 個人別営業成績						
3	氏名		単位	2020/1Q	2020/2Q	2020/3Q	2020/4Q	2020年累計
4	佐藤 陽介		百万円	27	39	23		115
5	髙橋 舜		百万円	31	7	22		59
6	伊藤 修平		百万円	19	▲34	▲39		▲54
7	斎藤 こころ		百万円	37	7	3		48
8	山田 昭子		百万円	8	34	20		62
9	岡田 伸夫		百万円	26	39	2		67
				20	16	39		76
				11	19	33		62
				9	▲35	17		▲9
				189	92	121		427

［シートの保護］を設定
シートの編集ができなくなり、誤操作で内容が書き換えられることを防ぐ

［セルのロック］を解除
第三者に入力をお願いする個所だけセルのロックを解除して、入力できるようにする

▶ **書き換えてほしくない場所を意思表示する**

　入力誤りを防ぐための入力規則や、入力漏れを防ぐための条件付き書式を学んできましたが、もう1つ、データの書き換えを防ぐための ［シートの保護］ をマスターしましょう。この機能を用いると、余計なデータが入力されたり、大事な行や列が削除されたりといった誤操作を避けられます。

　さらに、第三者に共有するときに関係者以外には見られたくないというブックには、 ［パスワードを使用して暗号化］ を設定しておきましょう。パスワードを知っている人だけしかブックを開けなくなります。

POINT:

1. 編集されたくないセルは［シートの保護］で守る
2. 第三者が入力を行う個所は［セルのロック］を解除する
3. 重要なファイルにはブックにパスワードを設定しよう

MOVIE:

https://dekiru.net/osa507

● 一部のセルだけを編集できるようにする

1
セルG4～G12を選択

2
［ホーム］タブの［セル］グループの［書式］をクリック

3
［セルのロック］をクリックして解除する

選択したセルのロックが解除された。

4
［校閲］タブの［変更］グループの［シートの保護］をクリック

CHECK!

［シートの保護］を設定する前に、入力欄のセルだけ先に、［セルのロック］を解除しておくのがポイントです。

CHAPTER 5 チームで共有しやすい仕組みを作る

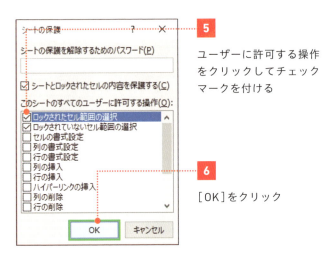

5 ユーザーに許可する操作をクリックしてチェックマークを付ける

6 ［OK］をクリック

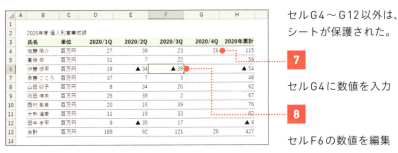

セルG4～G12以外は、シートが保護された。

7 セルG4に数値を入力

8 セルF6の数値を編集

セルF6を編集しようとするとメッセージが表示される。

［校閲］タブの［変更］グループにある［シート保護の解除］ボタンをクリックすると、シートの保護が解除されます。なお、［シートの保護］ダイアログボックスでパスワードを設定しておくと、パスワードを知っている人だけしか解除できないので安心です。

● ブックにパスワードを設定する

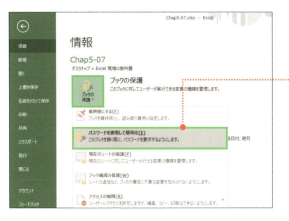

[ファイル]タブの[情報]画面を表示しておく。

1

[ブックの保護]-[パスワードを使用して暗号化]をクリック

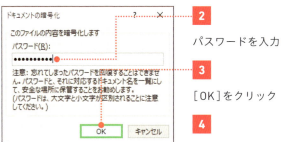

2

パスワードを入力

3

[OK]をクリック

4

パスワードの確認画面でパスワードを再入力

パスワードが設定され、「このブックを開くにはパスワードが必要です」と表示された。

CHECK!

パスワードを解除するには再度[パスワードを使用して暗号化]をクリックしてパスワードを削除し、ブックを上書き保存します。

08

印刷／フッター

FILE：Chap5-08.xlsx

印刷設定を工夫して見やすい資料に仕上げる

印刷イメージを確認してからシェアしよう！

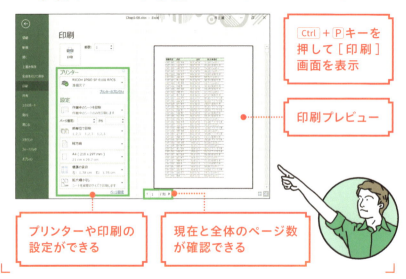

- Ctrl + P キーを押して［印刷］画面を表示
- 印刷プレビュー
- プリンターや印刷の設定ができる
- 現在と全体のページ数が確認できる

▶ 誰が見ても見やすい配付資料を心掛ける

　Excelシートは、紙に印刷して共有することも多々あります。会議の資料として配付したり、各部署に捺印して回覧したりする資料もあります。そこで大切なことは、「気が利いているかどうか」です。

　「表が途切れている」「データが#####となっていた」といった資料を作って相手にストレスを与えないためにも、必ず印刷前に印刷プレビューを確認してください。ここでは、大きな表を印刷する例で、各ページに見出しやページ番号を付けるなど、気の利いた印刷の設定技を紹介します。